KB210626

London

이창민 교수는 대표적인 도시 개발 및 도시 재생 연구자로, 한국부동산개발협회 최고경영자과정(ARP)과 차세대 디벨로퍼과정(ARPY)의 주임교수로 활동 중입니다. 30년 넘게 뉴욕, 런던, 파리 등 270여 개 도시의 개발 및 재생 사례를 면밀히 조사하며 도시 경제와 부동산 분야를 연구하고 있으며, 『스토리텔링을 통한 공간의 가치』(2020, 세종도서 교양부문 선정), 『도시의 얼굴』, 『사유하는 스위스』, 『해외인턴 어디까지 알고 있니』 등을 썼습니다. 또한 사단법인 공공협력원 재단의 원장으로서 지속가능한 지역 개발, 글로벌 인재 양성, 나눔 실천, 문화예술 발전에 기여하는 동시에 도시경제학 박사로서 유럽 도시문화공유연구소의 소장직을 맡아 세계 도시들의 문화 경제적 가치를 심도 있게 연구하고 있습니다.

 hh902087@gmail.com  https//travelhunter.co.kr  @chang.min.lee

도시의 얼굴 – 런던

개정판 1쇄 발행 2024년 11월 15일

지은이 이창민
펴낸이 조정훈
펴낸곳 (주)위에스앤에스(We SNS Corp.)

진행 박지영, 백나혜
편집 상현숙
디자인 및 제작 아르떼203(안광욱, 강희구, 곽수진) (02) 323-4893

등록 제 2019-00227호(2019년 10월 18일)
주소 서울특별시 서초구 강남대로 373 위워크 강남점 11-111호
전화 (02) 777-1778
팩스 (02) 777-0131
이메일 ipcoll2014@daum.net

ISBN 979-11-978576-2-1
세트 979-11-978576-9-0

- 이미지 설명에 * 표시된 것은 위키피디아의 자료입니다.
- 소장자 및 저작권자를 확인하지 못한 이미지는 추후 정보를 확인하는 대로 적법한 절차를 밟겠습니다.
- 이 책에 대한 의견이나 잘못된 내용에 대한 수정 정보는 아래 이메일로 알려주십시오.
  E-mail: h902087@hanmail.net

도시의 얼굴

런던

이창민 지음

(주)위에스앤에스
We SNS Corp.

《도시의 얼굴-런던》을 펴내며

오늘날 해외 여행이나 출장은 인근 지역으로 떠나는 일과 다름없는 일상적인 경험이 되었습니다. 인공지능(AI), 크라우드, 빅데이터, 사물인터넷(IoT)과 같은 정보통신 기술의 급격한 발전 덕분에 우리는 온라인과 오프라인에서 세계 어느 도시든 손쉽게 만날 수 있는 시대를 살아가고 있습니다. 젊었을 때 열심히 저축하고 나이가 들어 은퇴한 후에야 해외 여행을 계획했던 이전 세대와는 달리, 지금의 세대는 더욱 적극적이고 다양한 형태의 여행을 즐기고 있습니다. 이러한 변화는 단순히 여행 방식의 변화를 넘어, 도시와 도시민을 바라보는 우리의 관점에도 큰 영향을 미치고 있습니다.

《도시의 얼굴-런던》은 이러한 시대적 요구에 부응하여, 필자가 경험했고 기억하는 런던이라는 도시를 다양한 각도에서 조명하고, 그 속에 숨겨진 깊은 이야기를 독자들에게 전하고자 합니다. 필자는 지난 30여 년 동안 70여 개국 이상의 국가를 방문하며 270여 개의 도시를 경험해 왔으며, 그 과정에서 각 도시가 지닌 고유한 얼굴과 정체성을 깨닫게 되었습니다. 도시는 그곳의 역사, 문화, 경제, 그리고 종교적 배경에 따라 독특한 정체성을 형성하며, 이러한 다양성은 도시의 본질을 이루는 중요한 요소가 됩니다.

런던은 이러한 도시의 다양성과 독창성을 대표하는 상징적인 도시입니다. 고대 로마의 흔적부터 현대의 혁신적인 재개발 프로젝트에 이르기까지, 런던은 수많은 역사를 품고 있으며, 그 속에서 우리는 도시의 발전과 쇠퇴를 동시에 목격할 수 있습니다. 이러한 런던의 모습은 단순히 물리적 변화의 결과가 아니라, 그 속에 살아 숨 쉬는 사람들의 삶과 문화, 그리고 사회적 갈등과 화합의 흔적

입니다.

런던은 영국의 비즈니스와 행정의 중심지일 뿐만 아니라, 영국 왕실의 주거지이자 의회 민주주의가 탄생한 곳입니다. 19세기 빅토리아 시대에는 '해가 지지 않는 나라'라는 명성을 얻으며 그 화려한 번영의 중심지로 자리 잡았습니다. 빨간 우체통과 이층 버스, 웨스트 엔드의 화려한 엔터테인먼트, 수많은 역사적 건축물과 박물관, 미술관 등은 런던을 상징하는 대표적인 이미지들입니다.

런던은 단순한 도시가 아닙니다. 런던은 과거와 현재, 그리고 미래가 공존하는 살아 있는 역사서입니다. 이 도시는 다양한 시대를 거치며, 그 속에 수많은 인류의 이야기를 품어 왔습니다. 런던의 건축물, 거리, 공원, 그리고 그 속에 사는 사람들은 모두 이 거대한 도시의 일부이며, 이들이 만들어 낸 이야기는 그 자체로 하나의 문명입니다.

우리는 이러한 도시의 이야기를 통해 몇 가지 중요한 질문을 던질 필요가 있습니다. 우리는 어떤 도시에 살아야 하는가? 후손들에게 어떤 도시를 물려줄 것인가? 행복하고 아름답고 경쟁력 있는 도시는 누가 만드는가? 현대 사회에서 우리는 도시의 역할과 그 미래에 대해 깊이 생각해 보아야 할 시점에 와 있습니다. 도시화, 기술 발전, 인구 변화, 그리고 세계화는 우리가 살아가는 도시의 모습을 빠르게 변화시키고 있으며, 이러한 변화 속에서 도시가 어떻게 지속가능하게 발전할 수 있을지 고민해야 합니다.

도시는 단순히 사람들이 모여 사는 장소를 넘어, 미래의 가치를 실현하는 중요한 공간입니다. 지속가능한 지역사회로서, 도시는 모든 사람들이 협력하여 평등한 기회를 누리고 훌륭한 서비스를 제공받을 수 있는 곳이어야 합니다. 최근 전 세계의 주요 도시들은 경쟁력을 확보하기 위해 창의적인 아이디어를 반영한 혁신적 도시 개념을 도입하고 있으며, 우수한 인재를 유치하기 위한 다양한 인프라를 강화하고 있습니다. 특히 과학적 혁신을 기반으로 한 도시 발전은 재능 있는 인재들이 체류하고 근무할 수 있는 환경을 제공하는 데 중점을 두고 있습니다.

런던과 같은 메트로폴리스는 항상 인류 발전의 원동력이 되어 왔습니다. 옥스퍼드의 석학 이언 골딘과 이코노미스트 톰 리-데블린은《번영하는 도시, 몰락하는 도시》에서 "인류 문명의 발상지부터 현대에 이르기까지 도시가 인큐베이터 역할을 해 왔다"고 설명합니다. 그러나 21세기에 들어서면서 도시는 새로운 도전에 직면하고 있습니다. 불평등의 심화, 도시의 양극화, 그리고 기후 변화와 같은 문제들이 도시의 번영을 위협하고 있습니다. 세계화와 기술 진보는 세상을 더 평평하게 만들 것이라는 희망을 품게 했지만, 실제로는 그렇지 않았습니다. 오히려 세상은 점점 더 뾰족해지고 있습니다. 법률, 금융, 컨설팅과 같은 고임금 직종의 일자리는 소수의 도시에 집중되었고, 이로 인해 일반 서민들은 점점 도심에서 밀려나고 있습니다. 런던과 같은 도시에서 이러한 경향은 더욱 뚜렷하게 나타나고 있습니다. 과거에는 천연자원이 풍부한 지역에 산업이 밀집되었지만, 이제는 지식 기반 산업이 주도하는 도시로 사람들과 기업들이 몰려들고 있습니다.

팬데믹 이후, 원격 근무의 확산은 도시의 상업 지역에 큰 충격을 주었고, 이는 도시의 경제와 사회적 구조에 깊은 영향을 미치고 있습니다. 이러한 변화 속에서 런던과 같은 대도시는 새로운 방향성을 모색해야 합니다. 유연한 근무 환경과 창의적 상호작용의 조화를 이루기 위해 도시의 역할은 더욱 중요해졌으며, 지속가능한 발전을 위해서는 더 저렴한 주택과 효율적인 대중교통, 그리고 환경 친화적인 도시 개발이 필요합니다.

런던과 같은 대도시는 이러한 변화의 중심에 서 있습니다. 런던 서부의 카나리 워프는 전형적인 금융 중심지로서, 주간에는 활기가 넘치지만 저녁이 되면 유령 도시로 변합니다. 반면에 런던의 쇼디치와 같은 복합 용도 지역은 주거 생활, 여가 시설, 그리고 기술 클러스터가 공존하며 지속가능한 도시 모델로 주목받고 있습니다. 이러한 사례들은 도시가 어떻게 변화하고 있는지를 보여 주는 중요한 예시입니다.

《도시의 얼굴 - 런던》은 이러한 변화 속에서 런던의 주요 랜드마크와 명소들뿐만 아니라, 그 이면에 숨겨진 이야기를 탐구합니다. 템스강, 킹스 크로스, 배터시 화력 발전소와 같은 랜드마크들은 단순한 건축물이 아니라, 런던의 역사와 현재, 그리고 미래를 잇는 중요한 연결 고리입니다. 이 책은 이러한 장소들이 어떻게 런던의 정체성을 형성했는지, 그리고 앞으로 어떤 역할을 할 것인지를 조명합니다.

이 책이 단순히 런던을 소개하는 데 그치지 않고, 도시가 어떻게 발전하고 변화하며, 또 어떤 도전에 직면하고 있는지 이해하는 데 도움이 되기를 바랍니다. 필자는 책에 담긴 내용을 보다 현실감 있게 다루기 위해 현지 도시에 직접 여러 차례 방문하고, 그곳에서 체험하며 책을 집필했습니다. 도시를 사랑하고, 여행을 즐기며, 도시의 역사와 문화를 공부하는 모든 이들에게 이 책이 작은 영감이 되기를 기대합니다.

마지막으로, 이 책이 세상에 나올 수 있도록 아낌없는 격려와 지원을 보내 주신 한국 부동산개발협회 창조도시부동산융합 최고경영자과정(ARP)과 차세대 디벨로퍼 과정(ARPY) 가족 여러분, 그리고 김원진 변호사님, 정호경 대표님 등 사회 공헌 가치에 공감하고 동참해 주시는 공공협력원 가족 여러분, 1년여 동안 책의 출판을 위해 도와주셨던 아르떼203 여러분, 그리고 저를 아껴 주시는 모든 분들께 감사의 말씀을 전합니다.

런던이라는 도시의 특별한 얼굴을 발견하고, 그 안에 담긴 이야기를 깊이 있게 이해하는 여정이 되기를 바랍니다.

2024년 11월 이 창 민

목차

영국(United Kingdom)
전체 지도 및 주요 도시
스코틀랜드
Scotland
글래스고
에든버러
북아일랜드
Northern Ireland
벨파스트
맨체스터
리버풀
버밍엄
웨일스
Wales
카디프

1
영국 개황

영국
(The United Kingdom of Great Britain and Northern Ireland)

1. 영국 개요

면적 - 24만 3,610km^2(한반도의 1.1배)
수도 - 런던(London), 870만 명(2019년)
인구 - 6,835만 명(2023년)
민족 - 앵글로색슨족(Anglo-Saxons), 켈트족(Celts)
인구의 13%가 이민자 - 폴란드(13%), 아일랜드(9%), 인도(8%)
기후 - 서안/온대 해양성 연평균기온 8월 15.3°C, 12월 3.8°C
강수량 1,330mm
공용어 - 영어(공용어)
종교 - 성공회(50%), 개신교(30%), 로마가톨릭(11%), 기타(9%)
16세기 헨리8세 이후 성공회를 국교로 인정
GDP - 3조 3,447억 달러(2023년)
(1인당 GDP) 4만 9,098달러(2023년)

24만 3,610km^2

6,835만 명

3조 3,447억 달러

2. 정치적 특징

정부 형태 - 입헌군주제, 의원내각제

국가 원수 - 국왕: 찰스 3세(Charles III) ※ 2022.09. 즉위
(실권자) 총리: 리시 수낵(Rishi Sunak) ※ 2022.10. 취임

주요 정당 - 보수당(56%) 노동당(31%) 스코틀랜드국민당(7.3%) ※ 리시 수낵 총리는 보수당 소속

기타 - 영국 국왕은 영국의 군주로서 현 영국의 국가 원수이자
영국 연방국가들의 수장 역할을 겸임함

찰스 3세
국왕*

리시 수낵
총리*

3. 영국 약사(略史)

연도	역사 내용
B.C 6세기	북부 유럽에서 켈트족 침입, 영국에 정착
1265	최초 영국 의회 탄생
1337	프랑스와의 백년전쟁 및 장미전쟁
1650	시민혁명
1666	런던 대화재 발생 
1672	세인트 폴 대성당 설립
1676	그리니치 천문대 설립
1688	명예혁명
1707	잉글랜드와 스코틀랜드를 통합해 그레이트 브리튼(Great Britain) 탄생
1707	증기기관 발명으로 산업혁명 시작
1775	아일랜드 병합, 그레이트브리튼 & 북아일랜드 연합 왕국 성립
1837	빅토리아 여왕에 의한 식민지 확대
1839	차티스트 운동, 남경조약 체결, 홍콩 획득
1922	아일랜드 공화국 독립
1952	엘리자베스 2세 여왕 즉위 
1970	북해 유전 발견
1979	대처 수상의 보수당 내각 성립
1990	대처 사임, 존 메이저 내각 성립
1997	토니 블레어가 이끄는 노동당 내각 성립
2007	고든 브라운 내각 성립
2010	데이비드 캐머린 내각 수립
2016	브렉시트 투표 찬성으로 EU 탈퇴
2016	테리사 메이 총리 취임(7월)
2022	찰스 3세 즉위

3-1. 영국과 북아일랜드의 역사적 갈등

1) 개요

▣ 영국의 한 부분인 북아일랜드는 같은 국가이지만 신교(기독교)와 구교(가톨릭) 민족 간의 갈등이 오랫동안 지속됨

▣ 1922년 북아일랜드가 아일랜드 국가에서 영국으로 분리되기 전까지 아일랜드라는 하나의 국가였기 때문에 아직까지 구교를 믿는 북아일랜드 민족은 아일랜드와의 통합을 원하고 있지만 영국은 반대하고 있어 보이지 않는 갈등이 존재하고 있음

• 신교 폴스 로드(Falls Road)와 구교 샹킬 로드(Shankill Road)가 마주한 거리에 세워진 '평화의 벽(Peace Wall)'*

• 북아일랜드 독립 민족주의자 및 공화주의자들을 기리기 위한 기념공원(Clonard Martyrs Memorial Garden)

2) 역사

(1) 아일랜드 지배 및 독립

- 1169년 잉글랜드왕 헨리 2세에 의해 정복됨
- 1530년 잉글랜드 헨리 2세 성공회로 종교 개혁 단행
  신교도계 스코틀랜드인 15만 명, 잉글랜드인 2만 명 등 총 17만 명 북아일랜드로 강제 이주, 신교와 구교 간의 갈등 증폭 계기가 됨
- 1801년 그레이트 브리튼(Great Britain)과 아일랜드 두 의회의 통합
- 1845~1852년 아일랜드 대기근
- 1916년 제1차 세계대전 이후 IRA 결성되어 독립 투쟁
- 1922년 북부 얼스터 지방의 6개 주만 제외하고 아일랜드 독립
  1949년 아일랜드 공화국 선포

• 아일랜드 민족주의자에 의해 희생된 민간인 추모 공원(Bayardo Somme Memorial)

(2) 북아일랜드

- 1922년 다수파인 신교 북아일랜드 의회 및 정부 장악
  영국 내 국토로 점령됨
- 1970년 가톨릭 테러 단체 조직, 북아일랜드 독립 추진
- 1972년 영국 정부 북아일랜드 의회, 정부 해산
  영국 정부가 북아일랜드 직접 통치 시작
- 1998년 신, 구교계 재정파 대표 간 평화 협상 타결(평화 유지)
- 2005년 IRA 비평화적 수단 포기 선언

3) 향후 전망

▣ 이러한 역사적 맥락을 통해 영국과 북아일랜드의 관계는 단순히 정치적이기보다는 종교적, 역사적으로 복합적 맥락에서 갈등이 형성되었으며 아일랜드계인 북아일랜드 가톨릭계는 영국과는 거리가 멀어지고 북아일랜드 인구의 40%를 상회하며 영국과 밀접한 신교도는 30%밖에 되지 않음

▣ 북아일랜드 가톨릭교도들도 무조건 통일 아일랜드로 흡수되는 것을 원하지 않아 북아일랜드의 영국 잔류 지지율이 더 높은 편으로 2022년 12월 여론조사에서 북아일랜드에서 아일랜드와 통일에 대한 지지는 35%, 영국 잔류는 47%의 지지율을 보였음

4. 영국 행정구역(잉글랜드/스코틀랜드/웨일스/북아일랜드)

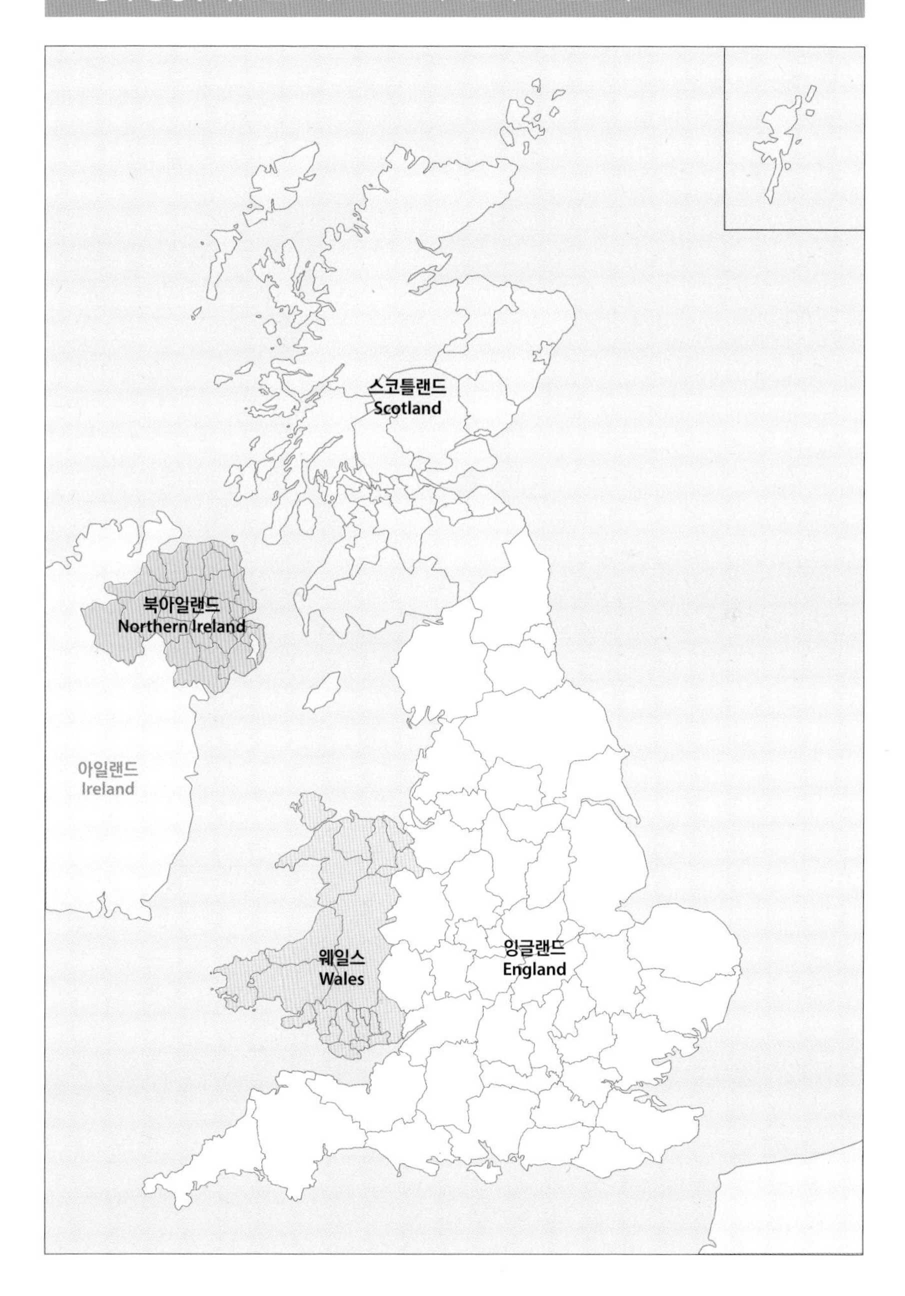

1) 잉글랜드(England)

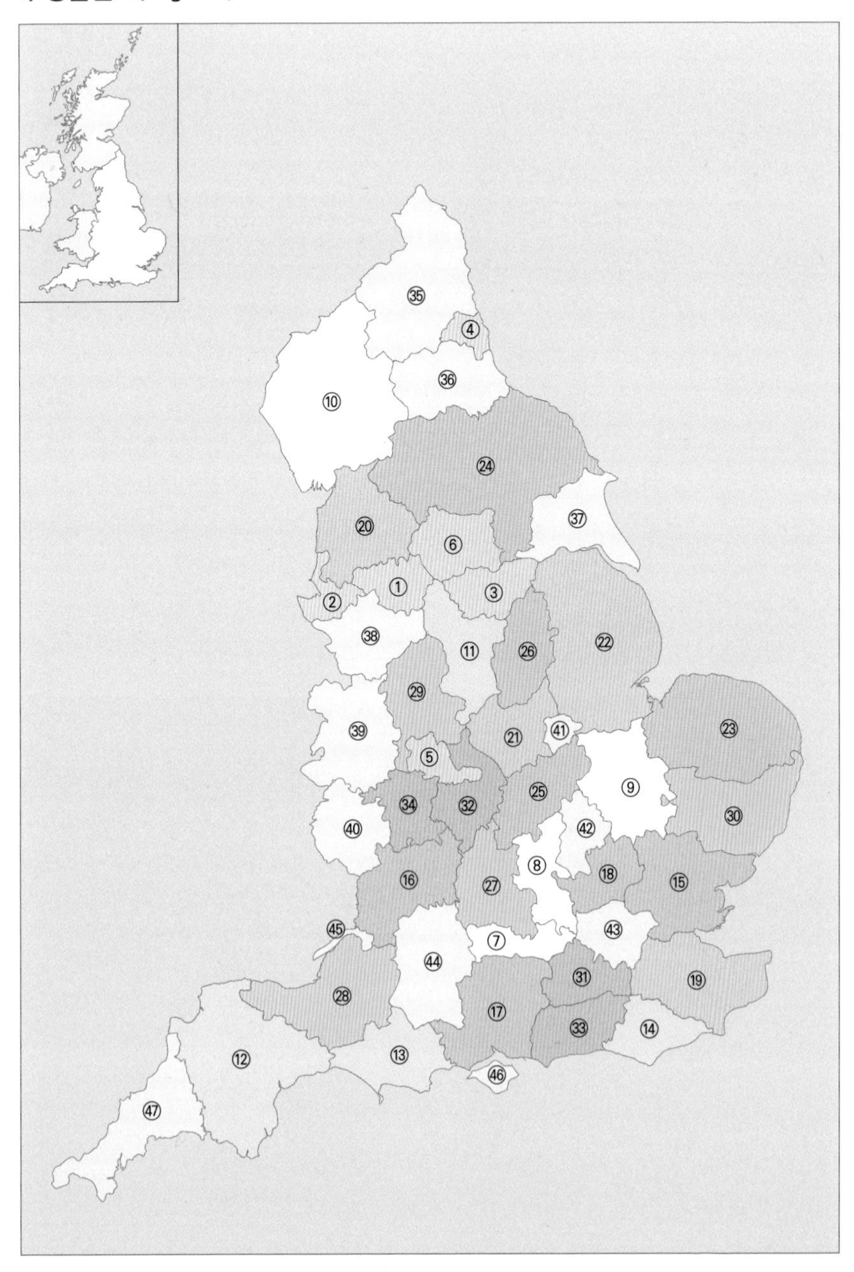

- 지리주(geographic counties) 또는 전례주(Ceremonial county)
- 도시주(Metropolitan county) 6개(1~6번),

  비도시주(Non-metropolitan county) 28개(7~34번)

구분	행정구역	구분	행정구역
1	그레이터맨체스터(Greater Manchester)	25	노샘프턴셔(Northamptonshire)
2	머지사이드(Merseyside)	26	노팅엄셔(Nottinghamshire)
3	사우스요크셔(South Yorkshire)	27	옥스퍼드셔(Oxfordshire)
4	타인 위어(Tyne and Wear)	28	서머싯(Somerse)
5	웨스트미들랜즈(West Midlands)	29	스태퍼드셔(Staffordshire)
6	웨스트요크셔(West Yorkshire)	30	서퍽(Suffolk)
7	버크셔(Berkshir)	31	서리(Surrey)
8	버킹엄셔(Buckinghamshire)	32	워릭셔(Warwickshir)
9	케임브리지셔(Cambridgeshire)	33	웨스트서식스(West Sussex)
10	컴브리아(Cumbria)	34	우스터셔(Worcestershire)
11	더비셔(Derbyshire)	35	노섬벌랜드(Northumberland)
12	데번(Devon)	36	더럼(Durham)
13	도싯(Dorset)	37	이스트라이딩오브요크셔 (East Riding of Yorkshire)
14	이스트서식스(East Sussex)	38	체셔(Cheshire)
15	에식스(Essex)	39	슈롭셔(Shropshire)
16	글로스터셔(Gloucestershire)	40	헤리퍼드셔(Herefordshire)
17	햄프셔(Hampshire)	41	러틀랜드(Rutland)
18	하트퍼드셔(Hertfordshire)	42	베드퍼드셔(Bedfordshire)
19	켄트(Kent)	43	그레이터런던(Greater London)
20	랭커셔(Lancashire)	44	윌트셔(Wiltshire)
21	레스터셔(Leicestershire)	45	브리스틀(Bristol)
22	링컨셔(Lincolnshire)	46	아일오브와이트(Isle of Wight)
23	노퍽(Norfolk)	47	콘월Cornwall)
24	노스요크셔(North Yorkshire)		

2) 스코틀랜드(Scotland)

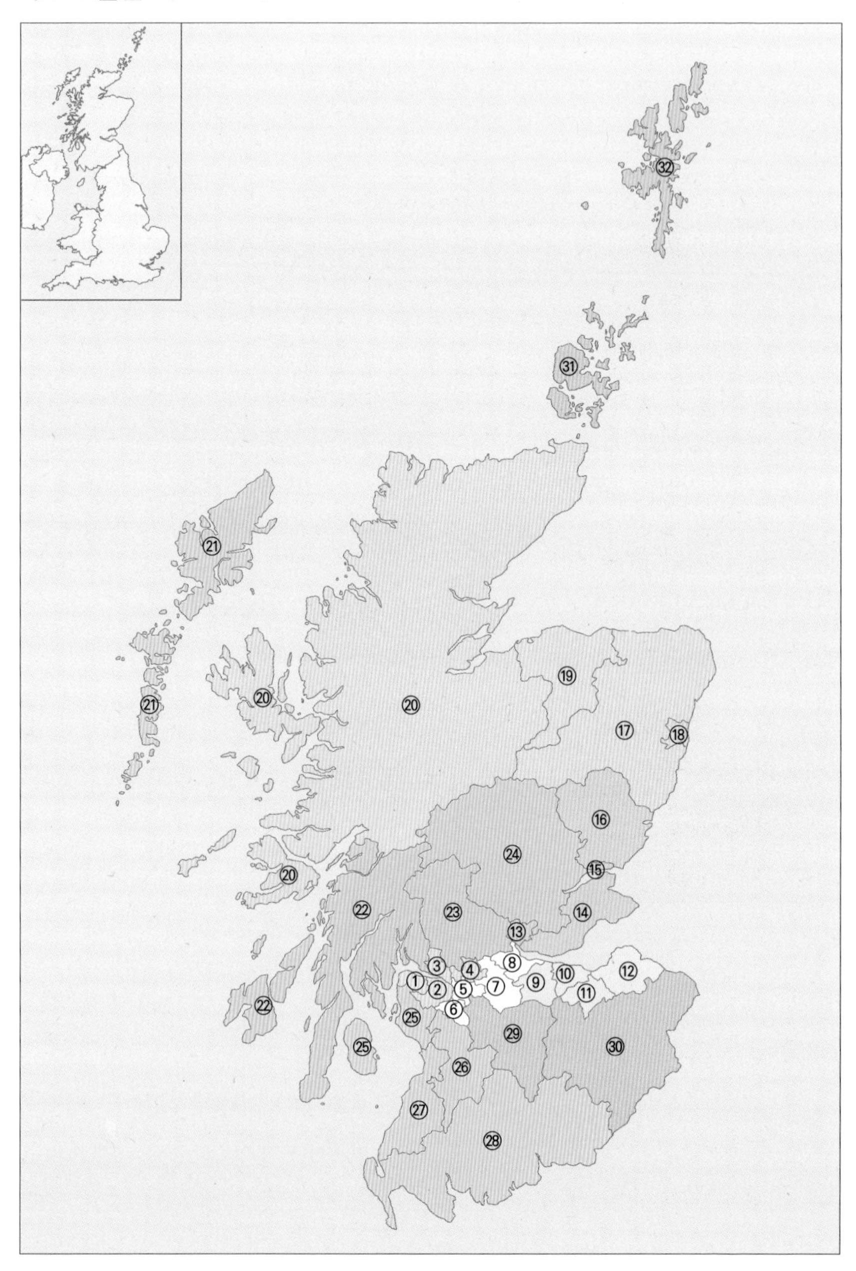

▪ 총 32개의 주

구분	행정구역	구분	행정구역
1	인버클라이드(Inverclyde)	17	애버딘셔(Aberdeenshire)
2	렌프루셔(Renfrewshire)	18	애버딘(Aberdeen)
3	웨스트던바턴셔(West Dunbartonshire)	19	머리(Moray)
4	이스트던바턴셔(East Dunbartonshire)	20	하이랜드(Highland)
5	글래스고(Glasgow)	21	아우터헤브리디스(Na h-Eileanan Siar)
6	이스트렌프루셔(East Renfrewshire)	22	아가일 뷰트(Argyll and Bute)
7	노스래너크셔(North Lanarkshire)	23	퍼스 킨로스(Perth and Kinross)
8	폴커크(Falkirk)	24	스털링(Stirling)
9	웨스트로디언(West Lothian)	25	노스에어셔(North Ayrshire)
10	에든버러(Edinburgh)	26	이스트에어셔(East Ayrshire)
11	미들로디언(Midlothian)	27	사우스에어셔(South Ayrshire)
12	이스트로디언(East Lothian)	28	덤프리스 갤러웨이 (Dumfries and Galloway)
13	클라크매넌셔(Clackmannanshire)	29	사우스래너크셔(South Lanarkshire)
14	파이프(Fife)	30	스코티시보더스(Scottish Borders)
15	던디(Dundee)	31	오크니 제도(Orkney Islands)
16	앵거스(Angus)	32	셰틀랜드 제도(Shetland Islands

3) 웨일스(Wales)

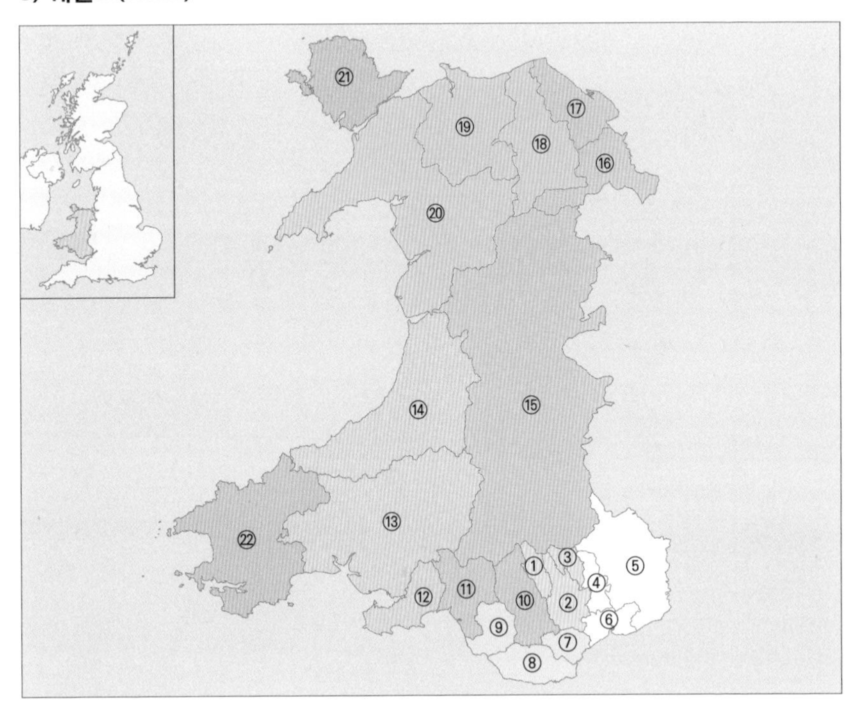

▪ 총 22개의 주

구분	행정구역	구분	행정구역
1	머서티드빌(Merthyr Tydfil)	12	스완지(Swansea)
2	카이어필리(Caerphilly)	13	카마던셔(Carmarthenshire)
3	블라이나이궨트(Blaenau Gwent)	14	케레디기온(Ceredigion)
4	토르바인(Torfaen)	15	포이스(Powys)
5	몬머스셔(Monmouthshire)	16	렉섬(Wrexham)
6	뉴포트(Newport)	17	플린트셔(Flintshire)
7	카디프(Cardiff)	18	덴비셔(Denbighshire)
8	베일오브글러모건(Vale of Glamorgan)	19	콘위(Conwy)
9	브리젠드(Bridgend)	20	귀네드(Gwynedd)
10	론다커논타브(Rhondda Cynon Taf)	21	앵글시섬(Isle of Anglesey)
11	니스포트탤벗(Neath Port Talbot)	22	펨브로크셔(Pembrokeshire)

4) 북아일랜드(Northern Ireland)

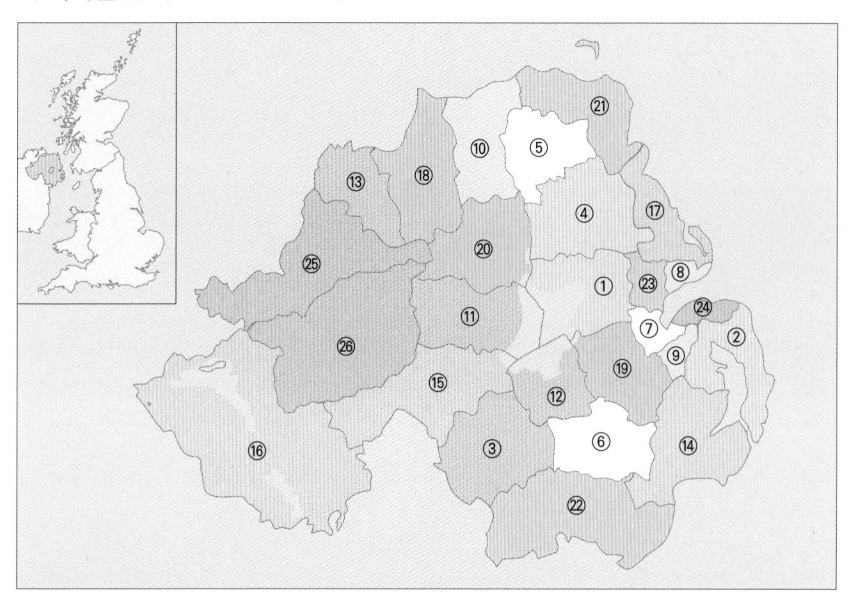

▪ 총 26개의 구

구분	행정구역	구분	행정구역
1	앤트림(Antrim)	14	다운(Down)
2	아즈(Ards)	15	던개넌 사우스티론 (Dungannon and South Tyrone)
3	아마(Armagh)	16	퍼매너(Fermanagh)
4	밸리미나(Ballymena)	17	란(Larne)
5	밸리머니(Ballymoney)	18	리머배디(Limavady)
6	밴브리지(Banbridge)	19	리즈번(Lisburn)
7	벨파스트(Belfast)	20	마러펠트(Magherafelt)
8	캐릭퍼거스(Carrickfergus)	21	모이얼(Moyle)
9	캐슬레이(Castlereagh)	22	뉴리 몬(Newry and Mourne)
10	콜레인(Coleraine)	23	뉴튼애비(Newtownabbey)
11	쿡스타운(Cookstown)	24	노스다운(North Down)
12	크레이개번(Craigavon)	25	오마(Omagh)
13	데리(Derry)	26	스트러밴(Strabane)

5. 경제적 특징

4만 9,098달러(2023년)
1인당 GDP
경제 성장률
4.1%(2022년)
서비스업(79%),
제조업 등 무역과 금융이 중심
주요 산업
수출
3,980억 달러(2021년)
(기계, 자동차, 광물연료, 의료용품 등)
6,880억 달러(2021년)
(기계, 자동차, 전자기계, 광물연료 등)
수입
화폐 단위
파운드(£ , GBP, Libra, Lb)
1파운드=1,742.75원(2024년 8월 9일)
- 수출: 51억 달러
(자동차, 선박, 항공기 부품, 자동차 부품 등)
- 수입: 60억 달러(2023년)
(원유, 승용차, 의약품, 원동기 등)
한국과의 교역

5-1. 브렉시트의 혼란과 향후 전망

(1) 브렉시트의 배경과 경과

- 브렉시트는 이민자 문제, 과도한 분담금 대비 EU 내 영국의 약한 위상 등 주로 정치적인 이유에서 제기되었으며, 향후 영국이 공식적인 탈퇴 의향서를 EU에 제출하면 리스본 협정 50조에 의거해 2년간의 협상 과정을 거쳐 EU에서 정식으로 탈퇴(2020.01.31)
- 리스본 조약 50조에 따르면 유럽 연합 회원국은 해당 국가의 헌법적 요구를 만족시키는 방법으로 유럽 연합의 탈퇴를 결정, 회원국이 유럽 연합 탈퇴를 유럽 이사회에 통보하면, 탈퇴 신청국과 유럽 연합 간의 탈퇴 협상이 시작되며 향후 유럽 연합과의 외교 관계 등을 설정
- 탈퇴 협상 완료 여부와 관계없이 협상 기간은 2년이며 유럽 이사회의 만장일치 동의하에 연장 가능, 영국은 유럽 연합과 이러한 협상 과정을 거치지 않고 1972년 영국 의회가 제정한 '유럽 공동체법'을 폐지함으로써 탈퇴할 수 있음
- 2016년 6월 열린 국민투표 개표 결과 72%의 투표율 중 51%의 찬성표로 영국의 유럽 연합 탈퇴 확정
- 3월 29일로 예정되었던 유럽 연합 탈퇴는 영국 의회에서 브렉시트 합의안이 승인되지 않아 4월 12일, 10월 31일 두 차례 연장됨(아무 합의 없이 탈퇴하는 '노 딜 브렉시트'를 막기 위한 조치)
- 2019년 6월 테리사 메이 총리가 브렉시트를 둘러싼 지도력의 한계로 보수당 대표직 사임
- 2019년 7월 보수당의 브렉시트 강경파 보리스 존슨 전 외교장관이 새 총리로 취임하며 10월에 예정된 브렉시트를 대비해 유럽 연합과의 재협상 진행, 탈퇴 조건에 합의하지 못해도 무조건 유럽 연합을 탈퇴하자는 입장 고수
- 2020.1.31. 유럽연합에서 정식 탈퇴 - 브렉시트

(2) 브렉시트가 영국에 주는 파급 영향

① 경제적 영향

세계 주요 경제기관들이 브렉시트 이후 영국 경제가 하방 압력을 받게 될 것으로 전망, 단기적으로는 영국 경제에 대한 불확실성이 고조되면서 영국 파운드화의 가치가 하락하고, 장기적으로는 관세 절벽에 따른 수출 감소가 우려되는 등 영국 경제의 침체 가능성 존재

② 규제의 변화

규제 환경 변화에 따른 금융시장과 실물경제의 불확실성이 확대될 전망이며, 브렉시트 이후 국가 간 법률 구조가 어떻게 변화할 것인지 예측이 불가능할 정도로 규제와 관련된 불확실성이 매우 높아지고, 법적 환경의 변화가 기업의 전략적 선택에 영향을 미칠 전망

③ 영국의 지위 변화

글로벌 금융 허브로서의 영국의 위상 약화 우려. 브렉시트가 실현되면서 세계 금융시장에서 영국의 시장 점유율 하락이 예상되고 유럽 내 주요 국가들이 영국과의 공급 사슬 구조가 악화되면서 영국의 유럽 내 경제적 영향력이 축소될 전망

(3) 브렉시트가 한국 경제에 주는 파급 영향

① 금융시장에 미치는 영향

국내 금융시장에서 영국계 자금의 직접 유출뿐만 아니라 세계 금융시장 리스크 확대에 따른 해외 자금의 유출 우려

② 실물경제에 미치는 영향

영국을 중심으로 한 유럽의 경기 침체로 인해 한국의 수출에도 부정적인 영향을 미칠 전망

③ 경제 정책에 미치는 영향

브렉시트가 가져온 금융 및 실물경제의 불안 요소들이 한국의 경제 정책 방향에도 영향을 미칠 것으로 전망

(4) 한국 기업의 대응책

① 변화하는 환경에 민첩하게 대응하고 기업의 생존을 위해 기업 내 RC(Resilience Committee) 구축 근로자, 공급자, 비즈니스 모델, 시장 등 폭넓은 경영 환경과 경제적 파급 영향에 대한 고려를 통해 브렉시트에 적절히 대응할 수 있는 체크 리스트 확립

② 관세율, 부가가치세율 등 영국의 세제 변화를 주시하고, 헤징 등을 통해 환율 변화에 대응. 산업별로 브렉시트의 파급 영향에 대해 선제적이고 차별적인 대응

③ 2023년 기준 한국의 영국 수출액 60억 달러, 수입액 51억 달러로, '소프트 브렉시트'를 통한 지위는 EU국이 아니지만, EU의 준 회원국 수준에서 머무르는 것이 가장 좋은 시나리오

④ '노 딜 브렉시트'가 현실화될 경우, 영-EU간 교역 시 발생하는 관세 부과 및 통관 지연, 별도의 무역 협정 이전까지는 각종 무역 규제 및 관세, 비관세 장벽이 발생할 가능성이 큼

⑤ 영국 정부는 브렉시트 이후, 브렉소더스(Brexodus: 기업의 EU 역내 이전으로의 움직임)를 방지하기 위해 2023년 19%의 법인세를 17%로 인하하고 있음

⑥ 2024년 현재, 영국의 의료예산 적자가 사회적 문제로 대두되었으며, 스마트 헬스케어 시장이 주목받고 있는 상황에서 현재 한국 내에서 규제에 묶여 있는 스마트 헬스케어 사업 위치 전환 및 투자에 틈새 기회가 열림

⑦ 브렉시트로 인해 영국 기업의 거래선 재검토 및 사업 환경의 전반적인 변화가 예상되므로 영국 시장 진출에 대한 기회로 적용될 수 있음

연도	역사 내용
2013.01.23	데이비드 카메론 총리, 블룸버그 연설에서 EU 탈퇴/잔류 국민투표 필요성 언급
2015.04.14	영국 보수당 총선 공약에 2017년 말 이전 국민 투표 약속
2015.12.17	EU 국민 투표법 제정
2016.02.02	EU 정상회의, 영-EU 관계 새 타협안 발표(Draft Decision)
2016.02.22	카메론 총리, 국민투표 일자를 제시하면서 재협상 결과에 대한 국민적 합의에 연계
2016.06.23	EU 탈퇴에 관한 국민투표(잔류 또는 탈퇴)
2016.06.24	국민투표에 대한 결과 발표(찬성 51.89%, 반대 48.11%)
2017.02.02	영국 정부, 브렉시트 백서(탈퇴 협상 전략) 발표
2017.03.31	EU 정상회의 상임의장, 탈퇴 협상 가이드라인 초안 발표
2017.04.29	EU 정상회의 상임의장, 탈퇴 협상 가이드라인 초안 발표
2017.05.03	EU 특별 정상회의에서 탈퇴 협상 가이드라인 승인 및 영국 정부, 북아일랜드 - 아일랜드 입장 문건 발표
2017.06.08	영국 총선
2017.06.19	지속적인 EU와의 브렉시트 협상이 제대로 이루어지지 않음
2019.01.21	메이 총리, 정부 대안 제시(노 딜 방지)
2019.03.20	메이 총리, 기한 내 탈퇴 협정 승인 포기 및 기한 요청 서한 송부
2019.03.21	EU 정상회의 결과, 예스 딜의 경우 5.22 탈퇴, 노 딜의 경우 4.12 탈퇴 결론
2019.04.09	EU 내에서 브렉시트에 대한 탈퇴일 연장안 제안
2019.04.10	EU 탈퇴에 관해 최대 10.31까지 연장
2019.05.17	영국 회의 내에서 여야 협의 실패 선언
2019.05.23	유럽 회의 선거
2019.05.24	메이 총리, 브렉시트 전략의 실패를 인정하고 6, 7차 사임 계획 발표
2019.07.23	보수당 보리스 존슨 총리 선거 승리
2019.07.24	보리스 존슨 영국 새 총리 임명 – 브렉시트 성공을 시민들에게 공약으로 내걺
2020.01.31	유럽 연합(EU)에서 정식 탈퇴 – 브렉시트

6. 사회문화적 특징

▣ 신사의 나라
- 전통을 중시하며 관습과 예절을 끊임없이 지켜 나감
- 질서와 규칙을 잘 지키며 정직함

▣ 귀족사회
- 아직도 세습 귀족 존재
- 왕실을 존중하므로 왕실 조롱은 삼가야 함

▣ 보수적 자존심
- 타인에게 많은 관심을 주지 않으며 자존심이 강함
- 복장과 사회적·상업적 관습 면에서 특히 보수적
- 방어적이고 개인주의가 강함

▣ 민족적 차별성
- 잉글랜드, 스코틀랜드, 웨일스, 북아일랜드로 이루어짐
- 각 민족별 특성이 다르며 구별되어 불리기를 선호함

7. 비즈니스 매너 및 에티켓

▣ 기본 사항
- 복장: 복장 면에서도 보수적인 편, 전통적인 정장 착용이 바람직
- 언어: 영국식 영어 사용을 고집, 문서 등을 작성할 때 반드시 고려
- 호칭: 신분에 따른 호칭은 매우 중요, 처음부터 이름을 부르면 큰 실례, 먼저 제안하지 않는 이상 명함에 나와 있는 이름·직위 호칭 사용

▣ 약속
- 오전 11시에서 오후 4시가 미팅에 적합
- 사전 약속 및 시간 엄수는 필수

- 영국인은 애프터눈 티 타임을 중요시함, 이때를 이용해 비즈니스가 많이 이뤄짐
- 성탄절, 부활절, 휴가 기간 중에는 방문 및 미팅 삼갈 것

▣ 선물·식사

- 대부분 비즈니스상에서 선물을 주고받지 않으나, 계약 체결 기념을 위한 선물은 가능
- 빨간 장미, 하얀 백합 또는 국화 선물은 피하고 영국인의 특성상 비싼 선물보다는 작은 선물에 감동함
- 대부분의 외식은 레스토랑, 펍, 카페 등에서 이루어지며 상대방이 먼저 언급하지 않는 한 비즈니스 이야기는 자제

▣ 인사·대화

- 신체적 접촉은 악수로 충분
- 절대 상대방을 뚫어져라 부담스럽게 쳐다보지 말 것
- 사생활 언급이나 인적 사항에 대한 질문은 자제, 직설적인 표현 자제, 지나친 의사 표출, 강제적 답변 요구는 관계 손상 초래

▣ 비즈니스 협상 시 유의 사항

- 철저하고 논리적인 회사 및 소개 자료 구축 필요
- 치밀하지 않은 준비 과정은 기업의 역량을 의심받을 수 있으므로 유의
- 검토 및 의사 결정 과정이 느리므로 인내심 필요
- 보수적인 성향으로 일회성 계약보다는 지속적이고 장기적인 신뢰 관계 선호
- 비즈니스 협상 시 개인적인 친분이나 개인적 감정 등은 개입시키지 않는 것이 바람직

2

런던 개황

1. 개요

면적	1,579km²(영국의 0.65%, 서울의 2.5배)
인구	898만 명(2019년, 영국 인구의 13.3%)
위치 (남동쪽)	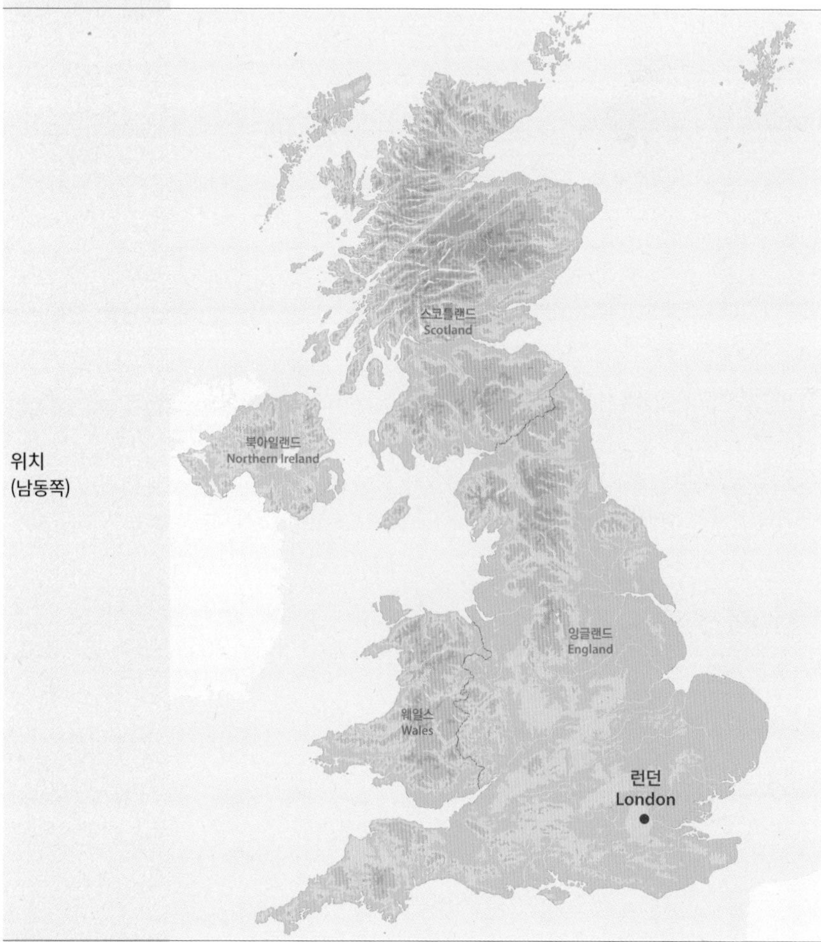
기후	온화한 해양성 기후
녹지 규모	도시 면적의 33%(전 세계 도시 중 녹지 규모 1위) - 리치먼드 공원(Richmond Park): 약 9,900,000m² - 런던 내 최대 규모 - 하이드 공원(Hyde Park): 약 1,260,000m² - 성 제임스 공원(St. James Park): 약 330,000m²

1) 런던의 행정구역(총 33개)

번호	행정구역	번호	행정구역	번호	행정구역
1	시티 오브 런던	12	브렌트	23	벡슬리
2	시티 오브 웨스트민스터	13	일링	24	헤이버링
3	켄싱턴 첼시	14	하운즐로	25	바킹 대거넘
4	해머스미스 풀럼	15	리치먼드어폰템스	26	레드 브리지
5	원즈워스	16	킹스턴어폰템스	27	뉴엄
6	램버스	17	머턴	28	월섬 포리스트
7	서더크	18	서턴	29	해링게이
8	타워햄릿	19	크로이던	30	엔필드
9	해크니	20	브롬리	31	바닛
10	이즐링턴	21	루이셤	32	해로
11	캠든	22	그리니치	33	힐링던

(1) 내셔널 런던 자치구(Inner London Boroughs)

지역	내용
시티 오브 런던 (City of London)	- 특징: 금융 중심지로서, 역사적으로 중요한 장소 - 주요 명소: 세인트 폴 대성당, 런던 타워, 런던 박물관
시티 오브 웨스트민스터 (City of Westminster)	- 특징: 영국의 정치와 문화 중심지 - 주요 명소: 버킹엄 궁전, 국회의사당, 웨스트민스터 사원, 트라팔가 광장
켄싱턴 첼시 (Kensington and Chelsea)	- 특징: 부유한 지역으로, 고급 쇼핑과 문화 기관이 있음 - 주요 명소: 자연사 박물관, 빅토리아 앨버트 박물관, 켄싱턴 궁전
해머스미스 풀럼 (Hammersmith and Fulham)	- 특징: 주거 지역과 상업 구역이 혼재된 곳 - 주요 명소: 해머스미스 아폴로, 풀럼 궁전, 스탬포드 브리지(첼시 FC 경기장)
원즈워스 (Wandsworth)	- 특징: 주거 지역이 주를 이루며, 강변 뷰가 아름다움 - 주요 명소: 배터시 공원, 원즈워스 커먼, 클라팜 정션
램버스 (Lambeth)	- 특징: 문화적 다양성과 활기찬 야경이 특징 - 주요 명소: 런던 아이, 사우스 뱅크 센터, 브릭스턴 마켓
서더크 (Southwark)	- 특징: 역사적 요소와 현대적 발전이 공존하는 지역 - 주요 명소: 더 샤드, 버러 마켓, 테이트 모던
타워 햄릿 (Tower Hamlets)	- 특징: 문화적으로 다양한 지역으로, 중요한 역사적 랜드마크가 있음 - 주요 명소: 런던 타워, 브릭 레인, 카나리 워프
해크니 (Hackney)	- 특징: 힙스터 문화와 활기찬 예술 신이 특징 - 주요 명소: 브로드웨이 마켓, 해크니 엠파이어, 빅토리아 공원
이즐링턴 (Islington)	- 특징: 트렌디하고 다양한 문화가 공존하는 지역 - 주요 명소: 에미레이트 스타디움, 알메이다 극장, 어퍼 스트리트
캠든 (Camden)	- 특징: 활기찬 음악 신과 시장으로 유명 - 주요 명소: 캠든 마켓, 리젠트 파크, 영국 박물관
루이셤 (Lewisham)	- 특징: 도시와 교외 환경이 혼합된 주거 지역 - 주요 명소: 호니만 박물관 및 정원, 루이셤 마켓, 블랙히스
그리니치 (Greenwich)	- 특징: 풍부한 해양 역사와 녹지 공간 - 주요 명소: 그리니치 공원, 왕립 천문대, 커티 사크
뉴엄 (Newham)	- 특징: 급속히 발전하는 지역으로 다양한 문화가 공존 - 주요 명소: 올림픽 공원, 엑셀 런던, 웨스트필드 스트랫퍼드 시티

(2) 외곽 런던 자치구(Outer London Boroughs)

지역	내용
브렌트 (Brent)	- 특징: 다양한 인구와 주요 스포츠 경기장이 있음 - 주요 명소: 웸블리 스타디움, SSE 아레나, 니즈든 템플

지역	내용
일링 (Ealing)	- 특징: 녹지가 많은 자치구로, 도시와 교외가 혼합되어 있음 - 주요 명소: 일링 스튜디오, 월폴 공원, 피트샹거 매너
하운즐로 (Hounslow)	- 특징: 문화적으로 다양한 지역, 주요 상업 구역이 있음 - 주요 명소: 시온 파크, 오스터리 파크, 하운슬로 히스
리치먼드 어폰 템스 (Richmond upon Thames)	- 특징: 부유한 지역으로, 넓은 공원과 역사적인 명소가 많음 - 주요 명소: 리치먼드 공원, 큐 가든, 햄프턴 코트 궁전
킹스턴 어폰 템스 (Kingston upon Thames)	- 특징: 역사적인 시장 마을로, 대학이 위치해 있음 - 주요 명소: 햄튼 코트 궁전, 킹스턴 마켓, 리치먼드 공원
머턴 (Merton)	- 특징: 주거 지역으로, 유명한 스포츠 경기장이 있음 - 주요 명소: 윔블던, 모든 홀 공원, 미첨 커먼
서턴 (Sutton)	- 특징: 교육에 중점을 둔 주거 지역 - 주요 명소: 논서치 파크, 서튼 생태학 센터, 허니우드 박물관
크로이던 (Croydon)	- 특징: 주요 상업 중심지로, 교통이 편리함 - 주요 명소: 박스파크 크로이던, 크로이던 박물관, 셜리 윈드밀
브롬리 (Bromley)	- 특징: 광범위한 녹지 공간이 있는 가장 큰 자치구 - 주요 명소: 크리스털 팰리스 공원, 처칠 극장, 치즐허스트 동굴
벡슬리 (Bexley)	- 특징: 교외 지역으로, 역사적 랜드마크가 있음 - 주요 명소: 홀 플레이스와 정원, 단슨 하우스, 레드 하우스
헤이버링 (Havering)	- 특징: 도시와 농촌이 혼합된 지역 - 주요 명소: 헤이버링 박물관, 레인햄 홀, 라파엘 공원
바킹 대거넘 (Barking and Dagenham)	- 특징: 산업 역사와 지속적인 재생이 특징 - 주요 명소: 발렌스 하우스 박물관, 이스트베리 매너 하우스
레드브리지 (Redbridge)	- 특징: 중요한 녹지 공간이 있는 교외 지역 - 주요 명소: 발렌타인 맨션, 완스테드 공원, 헤인아울
월섬 포리스트 (Waltham Forest)	- 특징: 예술 신이 성장하고 있는 지역 - 주요 명소: 윌리엄 모리스 갤러리, 월섬스토 마켓, 에핑 포리스트
해링게이 (Haringey)	- 특징: 문화적으로 다양한 지역, 활기찬 동네 - 주요 명소: 알렉산드라 팰리스, 토트넘 홋스퍼 스타디움, 브루스 캐슬 박물관
엔필드 (Enfield)	- 특징: 교외 지역으로, 주거지와 녹지 공간이 혼합되어 있음 - 주요 명소: 포티 홀, 엔필드 타운, 마이들턴 하우스 가든
바닛 (Barnet)	- 특징: 주거 지역으로, 유대인 및 아시아 공동체가 큼 - 주요 명소: RAF 박물관, 햄스테드 히스, 골더스 힐 공원
해로 (Harrow)	- 특징: 주요 남아시아 공동체가 있는 주거 지역 - 주요 명소: 해로우 스쿨, 헤드스톤 매너, 해로우 예술 센터
힐링던 (Hillingdon)	- 특징: 히드로 공항이 위치해 있으며, 넓은 녹지 공간이 있음 - 주요 명소: 브루넬 대학교, 루이스립 리도, 배틀 오브 브리튼 벙커

2) 경제 개황

- GVA(Gross Value Added, 총부가가치): 4,874억 3,700만 파운드(2021년 기준)
- 1인당 GVA: 5만 5,412파운드(2021년 기준)
- 영국 GVA의 약 27.7%의 비중을 차지함(2021년 기준)

(1) 런던의 산업 특징

① 금융 및 핀테크

- 영국은 세계 최고의 국제 금융 및 관련 서비스 허브로 그 중심에는 런던이 있음
- 핀테크 및 금융 산업이 활발하며 글로벌 10대 대형은행 중 4개 은행이 인접함
- 5년 누적 핀테크 산업 성장률은 전 세계 평균 및 실리콘밸리 평균의 2배 이상으로 미국에 이어 세계에서 두 번째로 규모가 큰 핀테크 투자 국가임
- 핀테크 관련 회사는 1,500개 이상으로 계속 증가 추세에 있으며, 핀테크 관련 종사자 수는 약 7만 6,000명으로 전 세계 최고 수준
- 런던 증권거래소(London Stock Exchange)는 뉴욕 증권거래소와 도쿄 증권거래소와 함께 세계 경제의 3대 중추라 불리며 중앙은행인 잉글랜드 은행의 본사
- 브렉시트에 대한 불확실한 전망으로 세계 은행 및 금융권이 런던의 지위에 부정적인 전망을 보임

② 전문 서비스

- 세계 4대 회계사 그룹인 필로이드, EY, KPMG, PWC 및 경영 컨설팅 회사가 포함한 전문 서비스직들의 비중이 높음
- 세계 6대 로펌 중 4곳의 본사가 있으며, 세계 상위 40개 포럼이 런던에 있을 정도로 세계적으로 법률 서비스의 선진국

③ 관광업

- 런던의 주요 산업 중 하나로 세계적으로 손꼽히는 관광지

- 2023년 기준으로 2,110만 명이 관광으로 찾아왔으며 다국적 컨설팅업체 레조넌스 컨설턴시가 '2024 세계 최고 도시' 순위에서 세계 최고의 도시로 선정함
- 런던 GDP의 약 12%를 차지할 정도로 런던 경제에 큰 기여를 하고 있으며 관련 종사자가 전체 일자리 중 13% 정도를 차지함

(2) 런던 지역별 산업도

▣ 시티 오브 런던(City of London)

- 금융 및 법률 서비스: 시티 오브 런던은 세계 금융의 중심지 중 하나로, 런던 증권 거래소, 로이드 오브 런던, 많은 은행 및 금융 기관들이 위치해 있으며 법률 서비스 또한 강력한 산업으로 자리 잡고 있음
- 주요 기관: 런던 증권 거래소, 로이드 오브 런던(Lloyd's of London), 영국 은행(Bank of England)

▣ 카나리 워프(Canary Wharf)

- 금융 및 비즈니스 서비스: 카나리 워프는 현대적인 금융 지구로, 많은 글로벌 은행 및 금융 서비스 회사들이 본사를 두고 있으며 특히 대규모 사무실 건물과 금융 중심의 인프라로 유명함
- 주요 기관: HSBC, 시티그룹(Citigroup), JP 모건 체이스(JP Morgan Chase), 바클레이스(Barclays) 본사

▣ 웨스트 엔드(West End)

- 엔터테인먼트 및 문화: 웨스트 엔드는 런던의 극장, 쇼핑, 관광의 중심지로, 수많은 극장과 문화 명소가 밀집해 있고, 또한 소호 지역은 미디어와 크리에이티브 산업의 중심지임
- 주요 명소: 피카딜리 서커스, 코벤트 가든, 옥스퍼드 스트리트

▣ 테크 시티(Tech City, Shoreditch 및 Old Street)

- 테크 시티는 이스트 런던에 위치한 첨단 기술 산업 및 스타트업의 허브 클러스터이며 영국판 실리콘밸리로 알려져 있으며 주로 쇼디치와 시티 오브 런던의 동쪽에 위치함

- 주요 기업: 트랜스퍼와이즈(TransferWise), 레볼루트(Revolut), 몬조(Monzo), 딜리버루(Deliveroo)

▣ 킹스 크로스(King's Cross)

- 재개발 및 기술: 킹스 크로스는 대규모 재개발 프로젝트가 진행 중인 지역으로, 많은 기술 회사와 연구 기관이 입주해 있으며 구글의 유럽 본사가 이곳에 위치해 있음
- 주요 기관: 구글, 킹스 크로스 중앙 세인트 마틴스

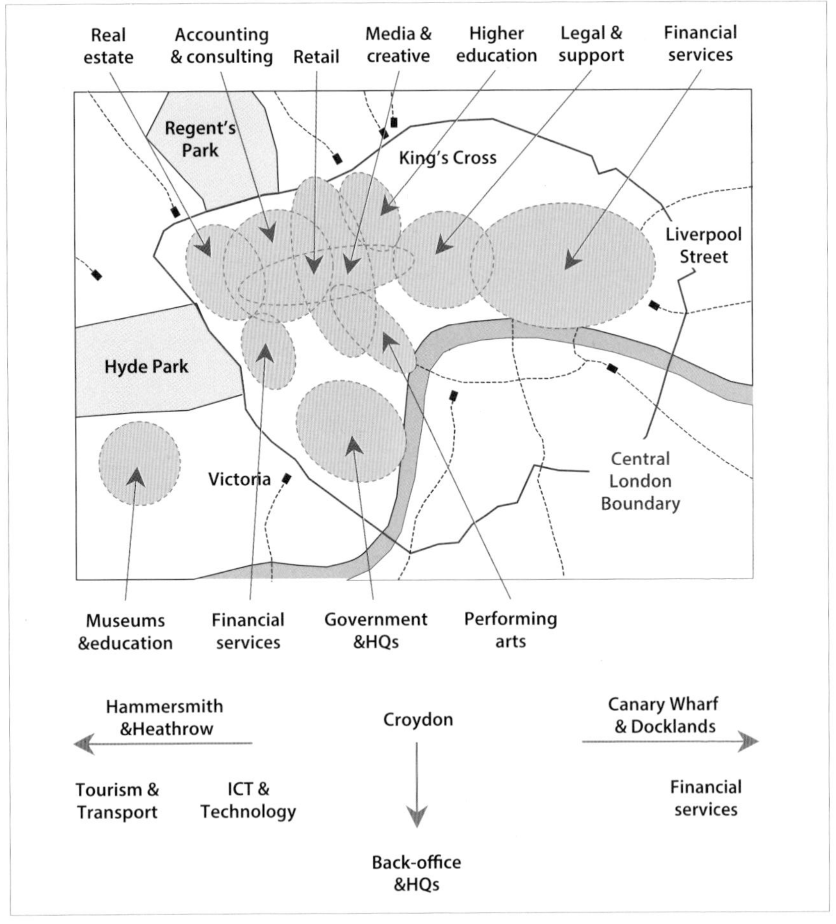

출처: London's Central Business District: Its global importance. London Assembly

▣ 웨스트 런던(West London)

- 미디어 및 방송: 웨스트 런던은 많은 미디어 회사와 방송국이 위치한 곳으로, 특히 화이트 시티 지역에 BBC 본사가 있으며 많은 영화 제작사와 스튜디오가 이곳에 자리 잡고 있음
- 주요 기관: BBC, ITV, 스카이

▣ 서더크 및 램버스(Southwark and Lambeth)

- 문화 및 예술: 서더크와 램버스 지역은 다양한 문화 및 예술 시설이 밀집해 있고 테이트 모던과 같은 현대 미술관과 로열 페스티벌 홀과 같은 공연장이 이 지역에 위치해 있음
- 주요 명소: 테이트 모던, 사우스 뱅크 센터

▣ 주요 인프라 및 연구 기관

- 그리니치(Greenwich): 해양 연구와 관련된 기관들이 많으며, 그리니치 천문대와 해양 박물관이 위치해 있음
- 임페리얼 칼리지 런던(Imperial College London): 켄싱턴에 위치한 이 대학은 과학, 공학, 의학 분야에서 세계적인 연구 기관임

(3) 생활 여건

- 에너지 및 환경 여건: 가스 45%, 유류 5%, 전기 30%, 재생에너지 15%

(4) 교통 여건

- 83%의 유동 인구가 지하철 등 대중교통을 이용함
- 지하철은 '존(Zone)'이라는 개념이 있는데 존의 구분에 따라 요금이 바뀜
- 지하철 문이 수동으로 작동하는 경우가 많아 자신이 내려야 하는 곳에서 문이 열리지 않는다면 수동으로 열고 나가야 함

(5) 주거 여건

▣ 런던은 영국의 수도이자 가장 큰 도시로, 다양한 주거 옵션과 복잡한 주택

시장을 가지고 있음

▣ 주거비 문제가 사회적 문제로 대두되고 있으며 민간 임대주택 세입자의 54%가 임대료를 지불하기 힘든 상황

▣ 고질적인 주택 공급 문제로 인해 임대료가 지속적으로 상승했으나 2018년 8년 만에 집값이 처음으로 하락함

▣ 평균소득보다 높은 집값 상승률로 인해 런던의 운하에 주거용 보트를 사 집을 대신하는 현상이 있으며 주거용 배의 수요가 2019년 기준 10년간 두 배가량 증가함

▣ 2019년 런던 시장인 사디크 칸(Sadiq Khan)은 2022년까지 저소득 및 사회적 약자를 위한 주택 11만 6,000가구를 공급하겠다고 발표함

① 주택 시장

- 높은 주택 가격: 런던은 세계에서 주택 가격이 가장 높은 도시 중 하나로 중앙 런던 지역의 주택 가격은 특히 비싸며, 중산층이라 할 수 있는 중위 소득 가구들의 지출 비용 중 주택 구입 및 임차 비용이 많은 비중을 차지함
- 지역별 차이: 주택 가격은 지역에 따라 큰 차이가 있는데, 켄싱턴과 첼시 같은 부유한 지역은 매우 높은 주택 가격을 자랑하며, 외곽 지역으로 갈수록 가격이 낮아짐

② 임대 시장

- 임대료 상승: 런던의 임대료는 지속적으로 상승하고 있으며, 이는 많은 주민들에게 경제적 부담을 주고 있고, 중위 임대료도 매우 높아 특히 젊은 층과 중저소득층이 어려움을 겪고 있음
- 임대 시장의 다양성: 런던은 다양한 유형의 임대 주택을 제공하며 단기 임대에서 장기 임대까지 다양한 옵션이 있음

③ 주거 유형

▣ 아파트 및 플랫

- 중앙 런던 및 도심 지역: 중앙 런던 및 도심 지역에는 아파트와 플랫이 많이 분포해 있고 이 지역의 아파트는 주로 고층 빌딩에 위치해 있으며 고급 시

설을 갖춘 경우가 많음
- 외곽 지역: 외곽 지역에는 비교적 저층 아파트와 플랫이 많이 있음

▣ 테라스 하우스
- 런던에서 흔히 볼 수 있는 주거 형태로, 연속된 주택들이 한 줄로 붙어 있는 구조이며 주로 빅토리아 시대와 에드워드 시대에 건축된 경우가 많음, 주로 캠든, 이즐링턴, 해크니와 같은 지역에서 많이 볼 수 있음

▣ 세미 디태치드 하우스
- 한 벽을 공유하는 두 가구가 하나의 건물을 이루는 형태로 가족 단위의 주거에 적합하며 외곽 지역이나 교외에서 흔히 볼 수 있음

▣ 디태치드 하우스
- 독립된 단독 주택으로, 주로 고소득층이 선호하는 주거 형태이며 외곽의 부유한 지역이나 교외에서 많이 볼 수 있음

④ 주요 주거 문제

▣ 주택 부족
- 수요 초과 공급 부족: 런던은 지속적인 인구 증가와 이주로 인해 주택 수요가 공급을 초과하고 있으며 이는 주택 가격 상승과 임대료 상승의 주요 원인 중 하나임
- 정부의 주택 공급 목표: 런던 계획(London Plan)은 매년 5만 2,000채의 새로운 주택을 공급하는 목표를 설정하고 있음(Urbanist Arch. Co. Lond.)

▣ 주택의 질
- 노후 주택 문제: 많은 주택이 오래되어 수리와 유지 보수가 필요하고 이는 특히 중앙과 내셔널 런던 지역에서 문제가 됨
- 에너지 효율: 오래된 주택의 에너지 효율이 낮아 난방비 부담이 크며, 이를 해결하기 위해 정부는 에너지 효율 개선 프로그램을 운영하고 있음

▣ 임대차 보호
- 임차인 보호: 임차인 보호를 위한 법적 장치가 마련되어 있지만 일부 임차인은 여전히 불안정한 임대 조건과 높은 임대료로 어려움을 겪고 있음

- 정부의 노력: 정부는 임차인 보호를 강화하고, 임대 시장의 투명성을 높이기 위한 정책을 추진하고 있음

⑤ 결론

▣ 런던의 주거 여건은 높은 주택 가격과 임대료, 주택 부족 등의 문제를 안고 있지만 다양한 주거 옵션과 정부의 정책적 노력을 통해 개선을 도모하고 있음

▣ 지속가능한 주택 공급과 주택의 질 개선, 임차인 보호 강화 등이 런던 주거 여건의 주요 과제로 남아 있음

(6) 교육 및 의료

① 교육

- 런던은 영국에서 학생 인구가 가장 많은 도시이고 런던 대학교는 12만 명 이상의 학생이 재학 중이며 유럽에서 가장 큰 대학교 중 하나임
- 예술과 관련된 교육 센터가 많으며 왕립 음악원, 트리니티 대학, RADA (Royal Academy of Dramatic Arts) 등 다양한 예술 학교들이 있음

② 의료

- 국가의료제도(NHS; National Health Service)에 따라 6개월 이상 거주 외국인을 포함한 모든 국민에게 의료 서비스를 무료로 제공함
- 의료 접근성은 타국에 비해 높지만 의료의 질은 상대적으로 떨어진다는 평가
- 환자 대기 시간에 대한 고질적인 문제가 있지만 매년 100억 파운드를 투자해 NHS 시스템을 확장하겠다고 발표함

(7) 주요 공항

① 히스로(Heathrow) 공항

- 1946년 개장, 런던 서쪽 19km지점
- 일 평균 1,000회 이·착륙, 연인원 5,000만 명 수송, 제 5터미널 건설 추진
- 370만 평의 부지에 4개 터미널, 6만여 명의 근무자 종사

- 2개 주 활주로(3,658m, 3,902m)와 1개 보조 활주로(1,966m)

② 개트윅(Gatwick) 공항

- 1958년 개장, 런던 남쪽 45km지점
- 연 인원 2,000만 명 수송
- 230만평의 부지, 2개 활주로(2,565m, 3,159m)

③ 루턴(Luton) 공항

- 런던 북서쪽 55km지점, 1개 활주로(2,160m)

④ 스텐스테드(Stensted) 공항

- 런던 북쪽 45km지점
- 연인원 300만 명 수송, 1개 활주로(3,048m)

⑤ 시티(City) 공항

- 런던시 동쪽 10km지점, 1개 활주로(1,199m)

⑥ 노솔트(Northolt)

- 1915년 개장한 RAF 비행장으로 2차 대전 후 민간 공항 역할 병행
- 런던 시내에서 동북 방향 10km, 1개 활주로(1,684m)

▣ 런던 약사

연도	역사 내용
2세기	로마 왕조의 지배와 최초의 런던 성벽 구축
407년	로마 군대가 영국을 떠남
604년	에더벨트 왕(King Ethelbert)이 세인트 폴 성당(St. Paul's Cathedral)을 세움
750년	성 피터가 웨스트민스터 대수도원의 전신인 소니 아일랜드(Thorney Island)를 세움
884년	알프레드 대왕(Alfred the Great)이 런던을 영국의 수도로 지정함
1066년	노르망디 공작인 윌리엄 1세가 영국을 점령하고 프랑스어와 봉건제 도입
1078년	런던의 화이트 타워 건축
1176년	런던 브리지가 건설됨
1191년	리처드 1세의 칙령으로 자치 도시로 승격
1240년	첫 번째 의회가 웨스트민스터에서 열림
1381년	런던의 많은 지역이 와트 타일러가 일으킨 농민들의 반란으로 황폐화됨
1485년	튜더 왕조의 시작
1534년	헨리 8세가 스스로를 영국 국교회의 장으로 선언함
1666년	런던 대화재로 인해 5분의 4가 손실되었으며 1만 3,000동 이상의 건물이 소실됨
17세기	영국 최대의 청과물 시장인 코벤트 가든 창설
1841년	1805년의 트라팔가 해전 승리를 기념하기 위해 트라팔가 광장 건축
1851년	하이드 파크에서 열린 만국 박람회, 전 세계 관람자 600만 명을 기록함
1859년	빅벤(Big Ben) 주조 완료
1860년	찰스 베리 경(Sir Charles Barry)의 설계로 국회의사당 건축
1894년	타워 브리지 완공
1963년	런던광역시청(Greater London Authority: 32개의 행정구) 설치
1994년	채널 터널을 통해 파리와 브뤼셀로 가는 기차가 첫 개통함
2000년	뱅크사이드에 테이트 모던이 개장했으며 카운티 홀의 런던 아이 개장
2012년	런던올림픽 개최

2. 런던 주요 랜드마크 및 명소

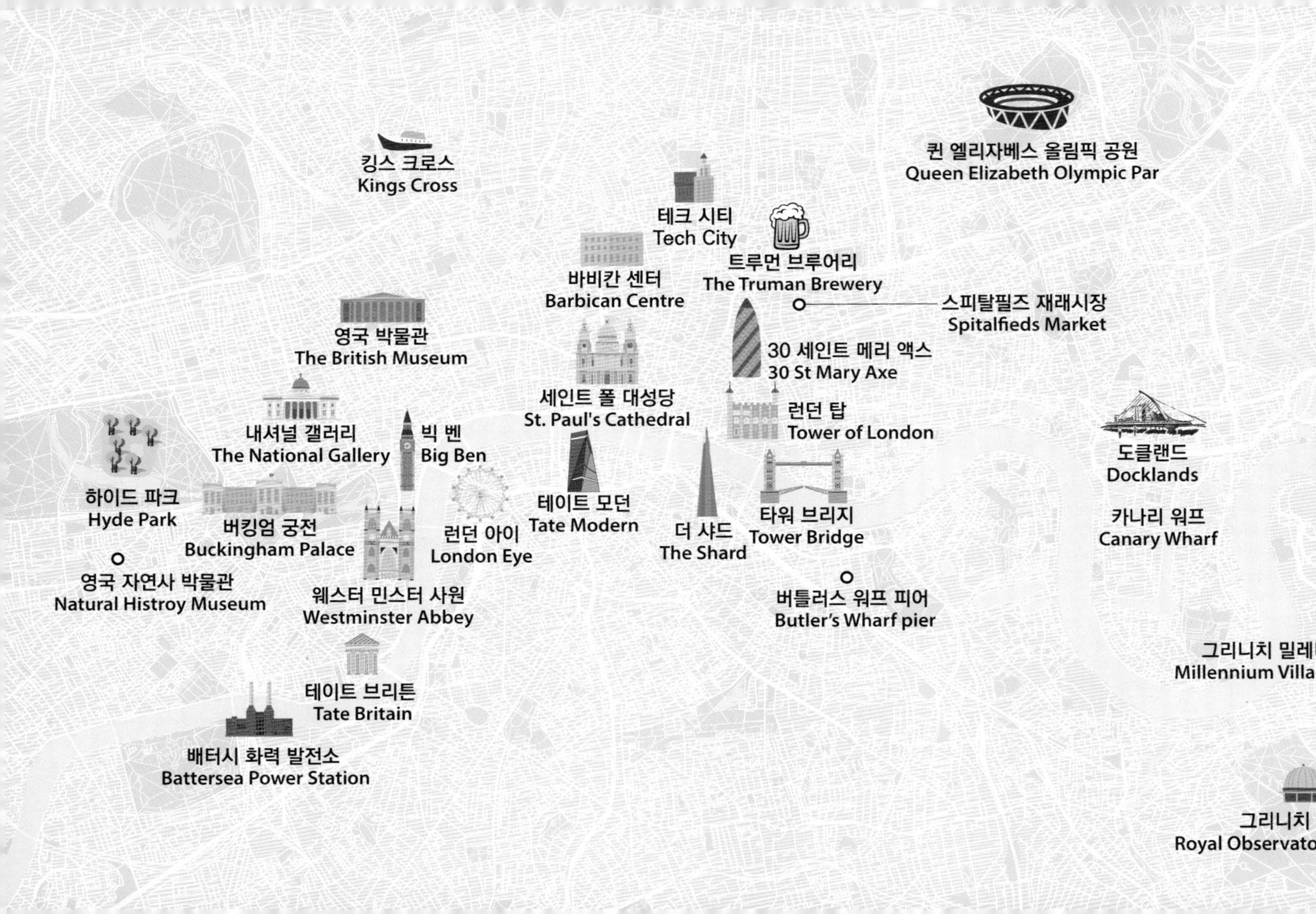

킹스 크로스
Kings Cross

퀸 엘리자베스 올림픽 공원
Queen Elizabeth Olympic Par

테크 시티
Tech City

바비칸 센터
Barbican Centre

트루먼 브루어리
The Truman Brewery

스피탈필즈 재래시장
Spitalfieds Market

영국 박물관
The British Museum

30 세인트 메리 액스
30 St Mary Axe

세인트 폴 대성당
St. Paul's Cathedral

런던 탑
Tower of London

내셔널 갤러리
The National Gallery

빅 벤
Big Ben

도클랜드
Docklands

하이드 파크
Hyde Park

테이트 모던
Tate Modern

타워 브리지
Tower Bridge

카나리 워프
Canary Wharf

버킹엄 궁전
Buckingham Palace

런던 아이
London Eye

더 샤드
The Shard

영국 자연사 박물관
Natural Histroy Museum

웨스터 민스터 사원
Westminster Abbey

버틀러스 워프 피어
Butler's Wharf pier

그리니치 밀레니엄 빌리지
Millennium Village Greenwich

테이트 브리튼
Tate Britain

배터시 화력 발전소
Battersea Power Station

그리니치 천문대
Royal Observatory Greenwich

3

런던의
도시 재생 및 개발 정책과 현황

런던 도시 재생 및 개발 정책과 현황

1. 런던 도시 개발 역사

1) 런던 대화재와 도시계획

▣ 1666년 9월 2일 새벽 2시 런던 시내 푸딩 레인에 위치한 빵집에서 불이 붙어 4~5일 동안 런던 시내의 80% 이상이 소실됨

▣ 당시 발생한 화재로 런던 브리지가 무너졌으며 세인트 폴 대성당을 비롯해 수많은 교회, 길드 건물, 주택들이 파괴되었음

▣ 대화재 이후 런던 시는 '도시 재건 법령(Rebuilding Act of 1667)'을 발표했으며 이는 현대 도시 개발을 규제하는 조닝 법규(Zoning Ordiance)의 시초임

▣ 나무를 이용한 건축 정책에서 불에 타지 않는 석조 건축으로 전환하고 화재 예방에 관한 법률이 나타났으며 세계 최초로 화재 보험이 만들어짐

▣ 건축가인 크리스포터 렌(Chrisopher Wren)이 전체적인 도시 재정비를 위한 재건 계획을 총괄했으며 당시 해프닝으로 현상 설계를 위한 공모전에 1등으로 수상한 로버트 후크(Robert Hooke)의 계획안을 사용하지 않고 자신의 계획안을 사용해 현재의 런던이 구성됨

▣ 크리스토퍼 렌은 런던을 화려한 바로크 풍의 도시로 만들고자 했으나 런던 시민들의 주거지 문제와 영국 사회상이 소박하고 검소한 느낌이었기 때문에 자신의 계획을 수정해 재건함. 그러나 세인트 폴 대성당만큼은 바로크 양식의 화려한 건축물로 재건함

2) 산업혁명 이후의 도시계획

- ▣ 산업혁명을 거치면서 런던의 인구가 100만 명을 넘어 거대한 도시로 성장하자 이에 따라 필연적으로 주택 공급의 문제, 주거 환경 질의 하락, 환경 문제 및 사회 문제들이 대두되었음
- ▣ 에버니저 하워드(Ebernezer Howard)는 런던의 대도시화에 따른 문제를 해결하기 위해 자연과 도시의 조화를 나타내는 전원도시(Garden City)를 주장함
- ▣ 패트릭 아베크롬비(Patrick Abercrombie)는 1944년 대런던 계획(Greater London Plan)을 수립했으며 이는 런던 중심부의 인구를 녹지로 구성된 신구역으로 이동시켜 런던의 인구를 분산하려는 목적이었음
- ▣ 대런던 계획으로 1946년 신도시법이 제정되었고 런던을 중심으로 약 24km 떨어진 주변 도시 외곽에 신도시 8곳을 건설함

2. 런던 플랜 2021

1) 개요

- ▣ 런던 플랜은 2004년 2월에 첫 발표를 시작으로 시장이 바뀌는 해인 2008년, 2011년, 2016년에 새로운 계획을 발표해 왔는데 그 밖의 사소한 변경 사항이나 수정 내용을 조금씩 추가해 오면서 2021년 3월, 그레이트 런던 오소리티(Greater London Authority)는 향후 2020~2025년을 계획하는 새로운 계획인 런던 플랜 2021을 채택했으며 총 12개의 목표 과제를 중점적으로 추진할 예정임

• 런던 플랜 2021 프로젝트 출처: www.london.gov.uk

2) 내용

(1) 주요 목표와 전략: 지속가능한 성장

① 강력한 커뮤니티 구축으로 사회적 포용성 강화

② 토지의 효율적인 활용

③ 건강한 도시 만들기

④ 주택 공급

⑤ 경제 발전 성장

⑥ 환경 보호 및 기후 변화 대응으로 에너지 효율성 및 복원력 향상

(2) 공간 개발 패턴

① 기회 지역의 성장과 재생 잠재력을 실현

② 주택 및 비즈니스 개발 지원을 위한 인프라에 대한 투자를 통해 지역 재생 정책에 따른 광범위한 재생을 지원

(3) 디자인

① 효율적인 디자인 주도 접근 방식으로 접근

② 지역적 특성을 감안한 디자인 전략 강화

③ 지역사회의 참여를 보장하게 하는 포괄적인 디자인으로 접근

(4) 주택

① 신규 주택 공급 확대

② 저렴한 주택 공급(전체 신규 주택의 50%)

③ 안전한 전문 노인 주택 공급 강화

④ 매년 3,500개의 베드(bed)를 공급할 수 있는 학생 기숙사 공급 강화

(5) 사회 기반 시설

① 런던 지역 인프라 개발

② 보건 및 사회 복지 시설 강화

③ 양질의 교육 및 보육 시설 강화

④ 스포츠 및 레크리에이션 시설 부지 확보 및 확대

⑤ 공중 화장실 증설

(6) 경제

① 적합한 비즈니스 공간 제공

② 지역 중요 산업 현장 지원 강화

③ 관광 명소 및 경제 산업 중요 거점 인프라 강화

(7) 유산과 문화

① 유산 보존과 성장의 합리적 개발

② 런던의 문화 창의 산업 지원 강화

(8) 그린 인프라와 자연환경

① 그린 인프라 강화를 위한 녹색 공간과 자연환경 보존 및 확대

② 대중이 접근할 수 있는 새로운 영역의 촉진 및 잠재력 있는 열린 공간 확대

③ 고품질 조경, 녹색 지붕, 녹색 벽을 비롯한 도시 녹화 사업 강화

(9) 지속가능한 인프라

① 공기질 개선의 목적을 위한 설계 솔루션 마련

② 탄소 제로를 위한 온실가스 배출 최소화

③ 에너지 인프라 강화

④ 에너지 효율 설계를 통한 내부 발열을 최소화시킨 위험 관리

⑤ 물 공급에 안전을 기하기 위한 물 공급 인프라 개선

(10) 수송

① 교통 접근성, 용량 및 연결성의 반영과 통합

② 계획을 통한 인프라 자금 조달

(11) 런던 플랜 자금 조달

- 성공적인 런던 경제는 영국 전체에 이익이 되기 때문에 민간 부문과 지역, 도시, 중앙정부와의 협력을 통해 실현시킬 수 있는 자금 조달 방안 수립

(12) 모니터링

- 성과 추적, 정책 영향 평가, 적응 전략, 보고 및 투명성 강화

3. 런던 도시 재생

1) 도시 재생 정책 경과

■ 탈산업화, 도시 인구 감소, 경제적 침체의 악순환을 탈피하고자 1980년 대처 정권부터 경제 성장을 위한 도시 재생 정책 도입, 1990년대 이후 문제 해결식 처방의 한계, 통합적 접근과 지속가능성의 개념 강조

※ 주로 산업 쇠퇴 지역을 대상으로 하되 중심 시가지(도심)의 재생이 주요한 관심, 도시 경쟁력 향상이 주목적으로 공공 디자인, 문화 등을 통해 재생 추진

대처 보수당 정권 (1979~1989년)	메이저 보수당 정권 (1990~1996년)	블레어 노동당 정권 (1997~2007년)	연립정부 (2008~2018년)
강력한 추진 기구를 통해 민간 개발에 필요한 토지와 기반 시설 정비 ⇒ 도시개발공사(UDC)	중앙정부 차원의 도시 재생 추진 기구 창설 대규모 민간개발사업 위주 ⇒ English Partnership	지역 경쟁력 강화를 목적으로 광역도시권 (Region) 차원의 도시 재생과 지방 분권화를 위한 기구 설립 ⇒ 지역개발기구(RDA) 도시재생회사(URC)	주택공동체청(HCA)에서 도시 재생 통합 관리 및 민간기업 참여 권장 ⇒ 주택공동체청(HCA) 지역경제파트너십 (LEP)

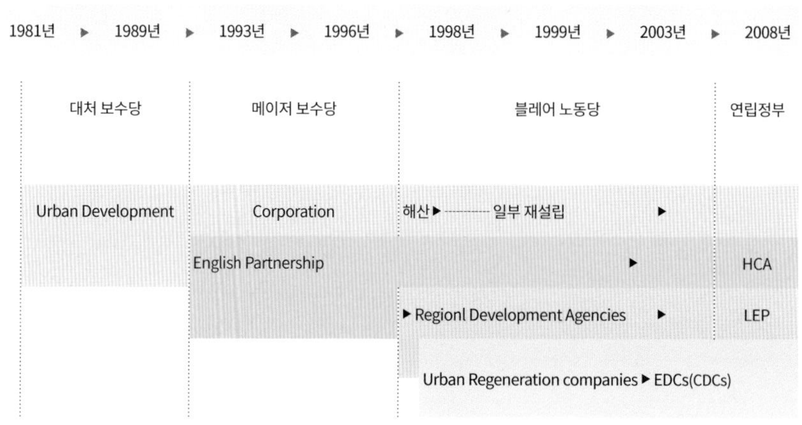

1981년 ▸ 1989년 ▸ 1993년 ▸ 1996년 ▸ 1998년 ▸ 1999년 ▸ 2003년 ▸ 2008년

대처 보수당 | 메이저 보수당 | 블레어 노동당 | 연립정부

Urban Development Corporation 해산 ▸ ---------- 일부 재설립 ▸

English Partnership ▸ HCA

▸ Regionl Development Agencies ▸ LEP

Urban Regeneration companies ▸ EDCs(CDCs)

2) 재생 추진 기구

▣ 영국의 계획 체계는 중앙-지역(region)-지방(local)의 3개 주체별로 역할을 분담하고 있으며, 지역은 전략을 수립하고 지방은 계획 및 시행하는 역할을 담당하는 반면, 중앙의 역할은 지속 축소

구분	기구	내용
도시개발공사		- 중앙정부 주도, 특정 쇠퇴 구역 기반 정비 및 민간 투자 - 1980~1998년 12개 설립 해산 - 2003년 런던 일부 지역 3개 설립 - 잉글리시 파트너십, 지역개발기구 및 지자체 출자
재생 관련 기구	잉글리시 파트너십	- 국가 차원의 도시 재생 지원 기구 - 차액 보조금 제도 활용 - 토지 합병, 인프라 건설 등 도시 재생 사업 자금 지원 및 자문
	지역개발기구	- 중앙 및 지방 연계 강화 - 광역도시권 차원 도시 재생 추진 기구 - 장기 플랜 지역 경제 전략에 근거해 실행 계획 수립 및 실행
	도시재생회사	- 도시특별대책팀 제안으로 1999년 지방정부 차원의 도시 재생 사업 추진 기구 - 중앙정부, 지역개발기구, 지방정부 간 파트너십을 통해 운영되는 독자 법인 조직 - 해당 도시의 마스터 플랜 수립 및 추진
최근 기구	주택 통제청	- DCLG(Department for Community and Local Government)와 잉글리시 파트너십을 HC(Housing Coporation)와 통합함 - DCLG의 주택 정책 기능으로 주택 공급 및 관리를 조정 통제 - 주택 공급, 주택 단지 재생, 브라운필드 개발 등 다양한 토지 재생 사업 및 활용을 담당
	지역경제 파트너십	- 2010년 8월 지역경제백서에 의해 제창 - 지방정부와 민간기업 간의 자발적인 파트너십 - 지역개발기구의 후속기관 성격이며 지역 경제 우선 순위에 따라 경제 성장 및 직업 창출 활동
	경제개발회사	- 2007년 광역도시권 경제 재생이 목적인 도시개발회사 - 농촌, 해안 지역, 쇠퇴 지역에 대한 경제 성장 및 재생에 초점

출처: 도시재생사업단(2012), 새로운 도시 재생의 구상 재인용

※ 도시재생회사 개요URC(Urban Regeneration Companies)

① 설립 배경

- 어번 테스크 포스(Urban Task Force, 1999)에서 주요 이해관계자들의 통합을 위한 메커니즘으로 도시재생회사의 설치 제안
- 리버풀, 이스트 맨체스터, 셰필드 3곳에서 시범적으로 도시재생회사가 설립(1999)
- 잉글랜드, 웨일스, 북아일랜드에 27개의 도시재생회사 설립 확산
- 단계적 폐지로 인해 현재 4개 회사만 남아 있음(2010 이후)

② 경제개발회사EDCs(CDCs)의 설립

- 연합정부 이후, 도시개발회사(CDCs: City Development Companies) 설립
- 도심뿐 아니라 농촌, 해안 지역, 쇠퇴 지역에 대한 경제 성장 및 재생을 강조하는 경제개발회사(EDCs: Economic Development Companies)로 명칭 변경
- 대다수 도시재생회사가 도시개발회사 또는 경제개발회사로 변경해 2012년 기준, 10개의 도시개발회사 및 경제개발회사가 운영 중(예: Creative Sheffield, Liverpool Vision 등)

③ 특징 및 역할

- URC, EDCs(CDCs)는 커뮤니티 및 지방정부에 의해 지원 자금을 받고 특정하게 쇠퇴한 도시 지역에 개발과 투자를 조율하는 민관 파트너십 형태
- 도시개발공사와 유사하게 10~15년 정도의 한정된 기간을 갖고 운영되고 있으며 전략적 파트너십, 비전 등에서 민간의 참여를 강조
- 재생 수립 계획, 토지 수용 권한 등을 가지고 있지 않으며, 시장 실패를 겪고 있는 지역에서 개발을 촉발하게 하는 조율 기구

3) 도시 재생 보조금 제도

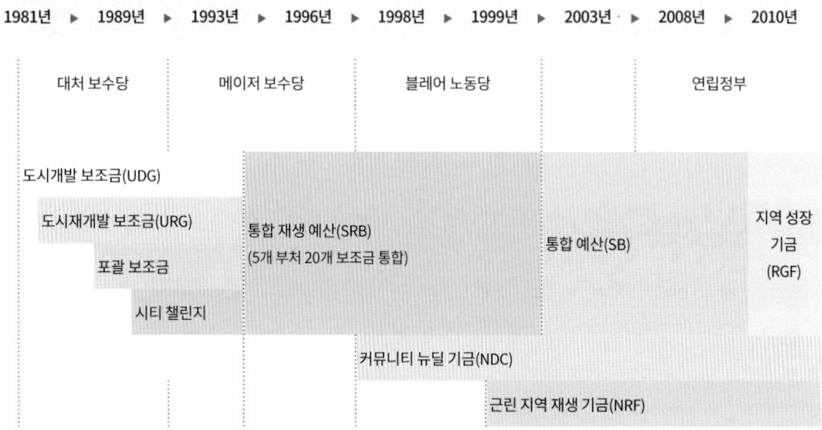

1981년 ▶ 1989년 ▶ 1993년 ▶ 1996년 ▶ 1998년 ▶ 1999년 ▶ 2003년 ▶ 2008년 ▶ 2010년

대처 보수당 | 메이저 보수당 | 블레어 노동당 | 연립정부

도시개발 보조금(UDG)

도시재개발 보조금(URG)

포괄 보조금

시티 챌린지

통합 재생 예산(SRB)
(5개 부처 20개 보조금 통합)

통합 예산(SB)

지역 성장 기금 (RGF)

커뮤니티 뉴딜 기금(NDC)

근린 지역 재생 기금(NRF)

도시개발 보조금	- 특정 지역 내 사업성이 없는 프로젝트 지원 - 지자체가 대규모 자본투자사업의 투자 비용 회수가 곤란한 경우, 민간 부문의 채산성에 대해 차액 보조를 함 - 중앙정부가 75%, 지자체가 25%를 부담
시티 챌린지	- 쇠퇴 문제가 심각한 지역에 대해 포괄적 지원을 위한 제도 - 지자체, 민간 부문, NPO와 파트너십 형성 의무
통합 재생 예산	- 20여 개 보조금 통합 - 지역 고용 창출, 주민 교육, 장애자 기회 제공, 주택 인프라 등 통합적 재생 사업 추진 지원 - 후속 지원 여부는 정기적 심사 및 평가 - 지자체, 민간 부문, NPO와 파트너십 형성 의무화 - 경쟁 방식 및 지역 쇠퇴 지수에 근거해 우선 지원함

출처: 도시재생사업단(2012), 새로운 도시 재생의 구상 재인용

재정 상세 지원 정책

통합 예산	- 부처별 11개 보조금 통합(대규모 재생 사업 지원) - 연구 특성 및 실업률 고려해 배분 - 지역 경제 상황에 따라 우선순위 결정 - 계획 목표 달성에 필요 판단에 따라 지원 및 목적 달성 여부 의무화
커뮤니티 뉴딜 기금	- 빈곤 지역에 대한 자금 지원 프로그램 장기 지원 - 지역 파트너십 독자 추진 지원 기금 - 경쟁 방식을 통한 보조 대상 결정

근린 지역 재생 기금	- 경제, 사회적 쇠퇴 지자체 집중 지원 - 인구, 실업률 등 지표에 따라 배분 - 보조금 지출 용도가 정해져 있진 않음 - 지방 파트너십 전체 재생 전략 수립 - 기금 사용 보고서 작성
지역 성장 기금	- 지속가능한 민간 부문의 일자리 창출 프로젝트 지원 및 민간 투자 활성화 지원 및 민간, 민관 합동 경쟁 공모를 통한 지원 - 대지역주의에서 소지역주의에 기반한 프로젝트 중심 지원 - 작은 정부 및 민간 부문 발상 중시

출처: 도시재생사업단(2012), 새로운 도시 재생의 구상 재인용

4) 영국 도시 재생 기본 전략 체계

재생 관점	기본 목표	핵심 전략	재생 전략 차원	기본 전략
도시 정체성 회복	도시 정체성의 재해석을 통한 재창조	역사 문화 환경의 재창조	재생 자원과 기회 해석	역사문화적 자원의 보존 및 활용
			물리 환경적 재생	역사문화 공간 및 시설의 재창조
			경제, 사회, 문화적 재생	일상적인 생활문화의 장 형성 및 제공
물리 환경 지속가능성 확보	지속가능한 물리적 도시 환경 구축	공공 영역의 재창조	재생 자원과 기회 해석	효율적 개발 및 계획기법의 발굴 및 활용
			물리 환경적 재생	공공 공간 개선 및 물리적 접근성 강화
			경제, 사회, 문화적 재생	지속적 장소 이미지 제고와 장소성 강화
도시공동체 형성 및 유지	체계적 도시공동체 형성 및 관리	안정적 도시 주거공동체 형성	재생 자원과 기회 해석	주거 유형과 형태의 혼합 및 다양화
			물리 환경적 재생	개발 유형 다양화와 지속적 주거환경 개선
			경제, 사회, 문화적 재생	주거 공동체 프로그램 개발 및 지원
경제적 대응	지속가능한 경제 기반 구축	다양한 도시 기능의 연계	재생 자원과 기회 해석	잠재적 도시 기능 규명 및 활용
			물리 환경적 재생	복합 용도 개발 활성화
			경제, 사회, 문화적 재생	지속가능한 도시기능 연계 체계 구축
		역동적인 상업 및 업무 활동의 촉진	재생 자원과 기회 해석	상업·업무 관련 기능과 공간 규명 및 활용
			물리 환경적 재생	역동적 상업·업무 지구 개발
			경제, 사회, 문화적 재생	사회문화적 접근성 강화

5) 영국 도시 재생 사업의 유형별 특징

구분	도시 경제 활성화	근린 재생
방식	통합 재생 프로그램	쇠퇴 지역 근린 재생
국고 관할	중앙정부 주도의 지역개발기구	중앙정부 관할의 마을재생국
국고 예산	- 통합 재생 예산 - SB(Single Budget)	- 근린 지역 재생 기금 - 커뮤니티 뉴딜 기금 - 근린 지역 지원 기금 - 근린 지역 강화 기금 - 지역 일자리 창출 기금
국고 규모	대규모	중소규모
지원 방식	지자체 간 경쟁 지원	쇠퇴 지역 우선 + 지자체 간 경쟁
지원 대상	거버넌스 조직	지방자치단체
사업 내용	사회, 경제, 문화, 물리적 기반 정비 등 포괄적 재생 프로그램	근린 단위 커뮤니티 활성화를 위한 사회, 경제적 측면 강조
경제 활성화	- 대규모 일자리 창출 - 신산업 유치 등	- 지역 주민 고용 창출을 위한 교육 및 직업 훈련 - 커뮤니티 비즈니스 측면의 소규모 일자리 창출
지원 조건	지역별 전략 파트너십 구축	지역 단위 전략적 파트너십 결정
	- 지역 재생 사업 전략 및 추진 계획 - 지역별 전략 파트너십 총괄	- 지자체 수립 계획 심의 및 결정 - 관련 주체 간 이해관계 조정 - 사업 계획 및 추진 조율

출처: 도시재생사업단(2012), 새로운 도시 재생의 구상 재인용

6) 영국 도시 재생의 특징

▣ 영국 주민 참여 도시 재생의 특징 - 사람·지역사회·공동체

(1) 재생 사업의 재정적 지속가능성

- 코인스트리트, HCD, PDT 등의 사례와 같이 지역 커뮤니티 단체들이 적극적으로 자산을 취득 및 운영하고, 자산을 활용한 커뮤니티 개발을 통해 수익을 창출함으로써 장기적인 지역사회 활동을 가능하게 하고 젠트리피케이션 등 재생으로 인해 발생되는 문제를 사전 방지

(2) 재생 사업의 인적 지속가능성

- 코인스트리트에서는 지역 내외의 전문적인 혁신가들을 모아 이사회를 구성하는 등 조직의 지속성을 확보하고 있고, 자원봉사자 교육 및 봉사활동을 통해 지역사회 내 일자리를 창출하고 있으며, 커뮤니티 관련자 사례와 같이 주민 역량 강화 교육과 인력을 양성하는 등의 다양한 방법들을 통해 재생 사업의 인적 네트워크의 지속가능성 확보에 초점을 두고 있음

(3) 재생 사업의 제도적 지속가능성(거버넌스)

- 지역주권법(Localism Act)과 같은 제도를 통해 비영리단체 또는 공동체에만 토지 이용을 허가하거나 건물과 토지 매입시 공동체에 우선 권리를 부여하고 있으며 마을 계획, 커뮤니티 부동산 개발 등의 지역사회 공동체의 권리를 제도적으로 보장

(4) 재생 사업의 방법적 지속가능성

- 다양한 워크숍 기법들, 사회적 지속가능성 프레임 워크 등 주민 참여 재생을 실현하는 기법들을 통해 많은 주민들이 재생 사업에 관심을 갖고 참여할 수 있으며 재생 사업으로 발생할 수 있는 갈등과 문제를 합리적인 논의 과정을 통해 해결

▣ 기존의 유무형 자산을 최대한 재활용

- 도시 재생은 산업화를 성취한 도시들이 필연적으로 당면하는 쇠퇴 해결 방법으로 기존 시설을 없애는 개발 방식이 아닌 지역적 특성을 반영한 기존의 유무형 자산을 최대한 재활용하면서 새로운 창의적 아이디어를 적용

영국 도시 정책 시스템

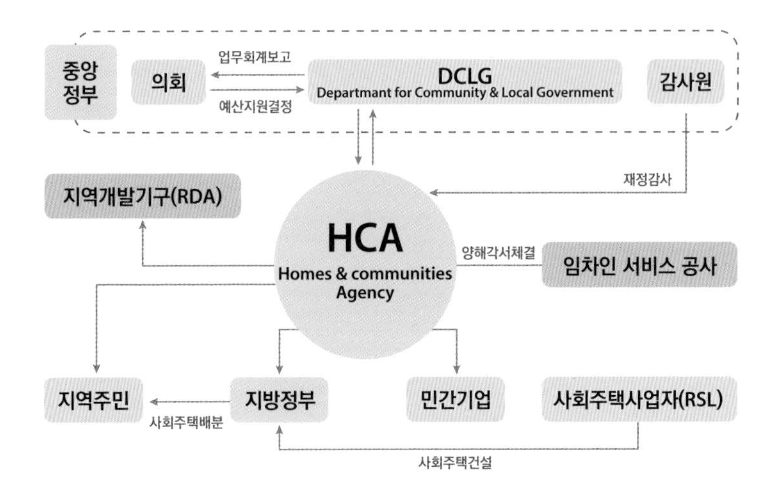

7) 기타

▣ 민간 중심의 재생을 위한 조건

(1) 전문가가 정부와 콘소시엄 제안 방식

- 정부의 프로젝트 배분, 민간 사업자들의 입찰 과정을 거쳐 각 프로젝트가 민간기업에 배정됨

(2) 컨설팅 사업

- 자체적으로 컨설팅 사업을 개발하며 컨설팅 담당은 도시 재생의 시공사 및 각 민간기업들이 입찰하고자 하는 도시 재생 사업의 타당성 및 사업성 등을 분석함

4

런던의 주요 랜드마크

1. 템스강

영국에서 두 번째로 긴 강을 재생

1. 프로젝트 개요

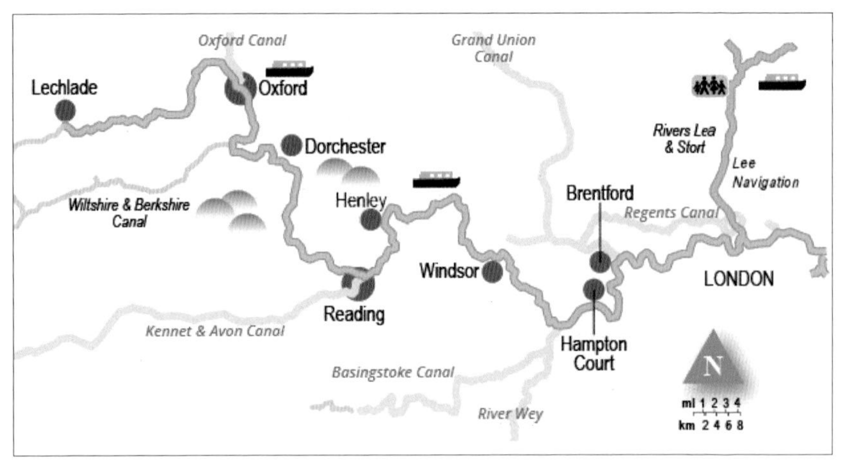

• 템스강 지도 출처: canaljunction.com

▣ 발원지: 시렌세스터(Cirenscester)

▣ 전체 길이 346km로 세브른(Severn, 354km)에 이어 영국에서 두 번째로 긴 강

▣ 북위 51~52도 사이의 온대 지역에 위치하며, 동절기 일 평균 5℃, 하절기 일 평균 기온 15℃를 유지함

2. 주요 사항

▣ The River Thames. 영국의 주요 자산 중 하나이며 수도 역사의 중심 역할 및 영국 내외의 방문객에게 가장 매력적인 곳으로 간주됨. 그러나 아직도 많은 영국인들에게는 런던을 남과 북으로 가르는 심리적 경계선 정도로 여겨지는 경향이 강함

▣ 강의 이용

- 영국 인구 중 1,200만, 런던 인구의 60%가 템스강 주위에 거주
- 런던 지역을 제외하고는 강 유역의 65%가 농경지로 사용됨

• 템스강

▣ 런던 내에만 강을 따라 32개의 다리를 건설, 교통을 연계

▣ 민물과 해수가 만나는 독특한 지형으로 무역 중심지 형성

- 템스강은 글로스터셔주 코츠월드 구릉지대에서 발원해 동쪽으로 흘러 잉글랜드 중남부를 횡단하고 북해로 유입되는 강으로 길이는 346km, 유역 면적은 1만 3,400km²에 달함
- 상류 지역은 경치가 아름다운 분지, 강 하류는 상당한 강 너비를 형성, 옥스퍼드에 이르러서는 강 너비가 45m, 하구부의 노아에서는 강 너비가 9km에

이름
- 테딩턴부터 강의 하구부까지 90km 구간은 북해의 조수 간만이 영향을 미치는 감조 구역이라 자연재해에 대한 대비로 하구 수문을 건설
- 조수 간만의 차이로 인해 무역에 적합한 여건을 갖추고 있어 무역이 활성화되었으나 환경 오염 문제가 대두되기도 했음
- 런던 브리지까지는 민물이며 사우스엔드 이하는 해수와 섞여 있으나 건조한 여름에는 민물이 줄어들어 바닷물이 하구로 더 올라오게 됨

▣ 환경 복원의 노력으로 되찾은 템스강의 생태 환경
- 1957년 템스강은 생물학적 사망 선고를 받을 정도로 강의 수질 환경이 좋지 못함
- 템스강은 19세기 초까지 유럽에서 물고기가 가장 풍부한 하천으로 유명했으나 산업혁명 이후 '죽음의 강'으로까지 불리게 되었음
- 1830년부터 1971년까지 영국 정부는 141년간 강에 산소를 주입하고 하폐수 처리 시설을 만들며 환경 기초 시설 마련에 신경을 씀
- 45개의 보와 갑문이 템스강의 수량을 일정하게 유지할 수 있게 해 더욱 큰 효과를 발휘하게 됨
- 영국은 템스강의 생태 환경 복원을 위해 많은 노력을 기울였으며 그 결과 연어, 송어를 포함한 다양한 종류의 어류와 무척추동물의 서식지가 되었고, 수많은 철새가 겨울을 보내기 위해 찾아오는 강으로 변화함

3. 강변 개발 사업 추진 배경 및 목적

▣ 산업화로 인한 오염 문제와 접근성 개선을 위해 개발 사업 추진
- 템스강은 로마 시대부터 1950년에 이르기까지 런던 교역의 대부분을 담당하는 대동맥으로서 런던의 발전 과정에 중요한 역할을 해 온 역사성을 지님
- 그러나 산업화가 시작된 19세기에 들어서면서 서서히 오염되었고 템스강

수변 공간의 친수성과 접근성의 문제점이 제기됨
- 템스강은 근대 이후 2번 죽음의 강으로 변한 역사를 가지고 있는데, 첫 번째는 산업혁명 이후 런던의 급속한 팽창으로 인한 오염이었고 두 번째는 세계대전 후 20세기 세계 중심 국가로서 런던의 급속한 팽창에 기인한 것임
- 강 오염과 접근성 등의 문제점 개선을 위해 20세기 중엽부터 템스강을 중심으로 개발 사업이 추진됨

▣ 템스강 개발의 핵심 주제는 레저와 관광
- 템스강 개발 사업은 사회 모든 계층의 자유로운 접근과 지속가능한 개발을 전제로 하며, 템스강의 레저 및 관광 활성화에 초점을 두고 있음
- 레저와 관광은 환경과 지역 경제, 삶의 질 향상에서 중요한 의미를 지닌다고 판단해 템스강 개발의 핵심 주제로 설정했음
- 2003년 인바이런먼트 에이전시(Environment Agency)가 계획 수립에 착수해 지자체, 주민 및 NGO 등 70개 이상의 그룹과 함께 계획을 수립하고 템스강 개발을 영국의 지속가능한 개발의 모델로 삼으려 하고 있음
- 이를 위해 모든 사람의 니즈를 고려한 개발, 환경에 대한 효과적 보호, 자연자원의 신중한 이용, 빠르고 안정적인 경제 성장 등 네 가지 정책 목표를 설정함

4. 템스 강변 개발 전략

▣ 템스강 수변 공간 오픈페이스 확충 및 연계화로 접근성 향상
- 템스강 수변 공간은 친수성, 접근성에 문제점이 제기되면서 20세기 중엽부터 템스강을 중심으로 한 개발 사업이 활발히 추진
- 1943년부터 런던 계획에 의해 수변 공간 오픈페이스의 확충 및 연계화를 도모하였으며, 주민들에 대한 오픈페이스 확보율을 9%에서 30%로, 주택에 접한 녹지대율을 5%에서 8%로 제고하는 시책을 추진

- 사우스 뱅크를 중심으로 한 템스강 동서 연안의 경관성, 친수성은 상당히 높아졌으며, 도클랜드는 세계적으로 수변 공간 정비가 잘 되어 있는 곳으로 평가받고 있음
- 도클랜드
· 도클랜드는 런던 도심의 동쪽 템스 강가의 워터프론트 일대로 대영제국시대부터 20세기 초까지 세계 최대의 관문이자 제일의 항구였음
· 도클랜드는 템스강 하구의 재래 부두가 있는 도클랜드 지역으로 경제가 침체되고 슬럼가와 불모지로 방치됐던 곳이었음
· 도클랜드의 심각성을 인식한 영국 정부는 1981년 도클랜드의 재개발 사업을 추진했으며, 그 결과 총 면적 2,200ha(665만 평), 시설 면적 230ha(70만 평)의 도클랜드 지역을 5개 지구로 조성함
· 템스강을 중심으로 카나리 워프(Canary Wharf), 아일 오브 도그스(Isle of Dogs), 로열 도크(Royal Dock), 워핑(Wapping), 서리 도크(Surrey Dock) 등 5개 도크로 구분해 개발됨

① 카나리 워프: 대규모 금융 센터
② 아일 오브 도그스: 런던 아레나(London Arena), 해양 레포츠 센터
③ 로열 도크: 런던 시티 공항, 21세기 신도시 조성
④ 워핑: 세계 무역 센터, 대규모 복합 상업 지구
⑤ 서리 도크: 상업·주거 시설이 일체화된 '런던 브리지 시티'

▣ 밀레니엄 프로젝트를 통해 강변 랜드마크 시설 도입
- 20세기 중반 극심한 노동운동과 과도한 복지 정책으로 경기 침체와 재정 적자에 이른 영국은 21세기 화려한 부활을 예고하는 범국가적 이벤트인 밀레니엄 프로젝트(Millennium Project)를 선언함
- 밀레니엄 프로젝트의 주요 사업은 템스강을 중심으로 그리니치빌리지에 밀레니엄 돔 건설, 세계 최대의 회전 대관람차인 런던 아이(London Eye), 템스강의 보행자 전용 다리인 밀레니엄 브리지, 낙후된 템스강 남부의 주빌리 라인 건설, 테이트 모던 박물관의 건설 등임

- 런던 아이는 1999년에 개장한 세계 최대 규모의 회전 대관람차로 밋밋하고 정적인 런던의 야경을 동적으로 바꾸는 등 야간 경관의 획기적인 개선 계기를 마련함
- 런던의 주변 건축물들과 조화를 이루며 독특한 스카이라인과 실루엣을 형성하고 있는 런던 아이는 런던의 상징적 구조물이자 런던 시내를 한눈에 감상할 수 있는 관광 명소로 자리매김함
- 밀레니엄 브리지는 템스강을 건너기 위한 순수한 보행자용 다리로 2000년에 건설, 다리를 걸으면서 런던의 주요 랜드마크를 감상할 수 있어 이전에 경험할 수 없던 독특한 즐거움을 제공하고 있음
- 밀레니엄 브리지는 강북의 센트럴 런던과 강남의 서더크(Southwark) 지구를 연결해 시너지 효과를 유발하고 있음
- 현재 런던을 대표하는 '세인트 폴 대성당-밀레니엄 브리지-테이트모던'으로 이어지는 '피터스 힐'이라는 길은 런던 최고의 관광 루트로 각광받고 있음

▣ 강변 도심 재생과 폐시설 재활용을 통한 문화 시설 확충

- 밀레니엄 프로젝트 중에서도 가장 역점을 둔 것은 오랜 기간 방치되었던 템스강 남쪽 지역의 재활성화였음
- 버킹엄 궁전이나 빅벤, 영국 박물관 등 런던의 상징이라 할 수 있는 명소들은 모두 템스강 북쪽에 자리 잡고 있으며, 템스강 남쪽 사우스워크(Southwark)는 공장과 물류 창고, 발전소 등이 밀집했던 전통적인 공장지대였음
- 밀레니엄 프로젝트 중 가장 성공한 사업은 2000년 뱅크사이드 화력 발전소를 개조해 현대 미술관으로 재탄생시킨 테이트 모던 박물관 건설이라고 할 수 있음
- 테이트 모던 박물관 건설은 낡음과 새로움의 경계를 허물고 예술적·문화적 요소를 더했을 때 도시 경쟁력과 이미지가 바뀔 수 있음을 보여 주는 대표적인 사례
- 50~70만 파운드의 경제적 효과와 3,000여 개의 일자리를 만드는 고용 창출 효과를 가져왔으며, 20년 동안 용도 폐기된 흉물스러운 공간을 영국인들의

자부심을 높여 주는 문화예술 공간으로 재탄생시켰다는 데 큰 의미가 있음

- 런던 아이가 건설된 사우스파크 지역은 실생활 그린레저 문화와 도시 재생 측면에서 성공적인 사례로 평가받고 있음
- 런던 아이는 템스강의 사우스 뱅크 지역, 밀레니엄 브리지는 다리 양쪽 수변 공간 활성화에 크게 기여함

• 템스 강변의 런던 아이 출처: www.shutterstock.com

▣ 런던 최고의 레저스포츠 중심지로 개발

- 과거 템스강 수변 공간은 공간 기능상 재래식 공장, 선착장, 창고, 야적장 및 발전소 등이 위치함
- 강변의 오래된 선창과 창고를 요트 계류장과 바(bar) 등으로 리모델링 및 재활용하면서 템스강은 런던 최고의 레저스포츠 기반을 확충하게 됨
- 17세기부터 요트 경기가 개최되었던 템스강은 강 레저스포츠의 오랜 역사를 가지고 있으며, 오늘날까지도 런던 최고의 레저스포츠 중심지로서 요트와 보트 놀이 등 강을 활용한 레저스포츠가 활발히 이루어지고 있음

• 템스강 수상 레포츠*

- 영국 런던 템스강 축제(Thames Festival)
  · 템스강 축제는 1997년 줄타기(high-wire walk)로 시작해 1998년 템스강 축제로 발전했음
  · 매년 9월 중 이틀간 런던 웨스터민스터와 타워 브리지 일대에서 벌어지며, 템스강에 초점을 맞춰 강에 관한 이벤트를 만들고, 강을 위해 형성된 공동체와 뱃놀이광의 참여를 유도함
- 템스강을 주제로 한 전시회가 열리고, 강에서는 레이스와 운동 경기가 펼쳐지며 보트 경기, 불꽃 축제, 각종 전통의상 퍼레이드 등의 프로그램 외에도 세계 여러 나라의 음식과 거리 공연, 음악, 콘서트 및 야간 카니발을 개최함

• 템스강 2019 축제 출처: totallythames.com

5. 템스강 교량 현황

▣ 개요

- 광역 런던 내에만 10개의 철교를 포함, 총 34개의 교량이 건설
- 현재의 교량 중 가장 오래된 곳은 웨스트민스터 브리지로서 130년 경과

▣ 주요 교량 현황

1) 햄프턴 코트 브리지(Hampton Court Bridge, 1930~1933년)

- 광역 런던의 가장 상류에 위치해 있으며 현재의 모습까지 3번 지어짐
- 1750년, 1778년, 1865년에 걸쳐 지어졌으며 처음에는 목조 다리였으나 마지막 리모델링을 거치며 철을 이용해 만들어짐

• 햄프턴 코트 브리지*

2) 큐 브리지(Kew Bridge, 1903년)

- 1789년 목재 교각으로 건설된 이후 현재의 다리는 세 번째임
- 예술에 등장하는 큐 브리지는 1759년 폴 샌드비(Paul Sandby)가 처음으로 그렸으며 이후 제임스 웹(James Webb)이 그린 〈올드 큐 브리지(Old Kew Bridge)〉에 등장함

• 큐 브리지 출처: www.shutterstock.com

3) 해머스미스 브리지(Hammersmith Bridge, 1883~1887년)

- 런던 최초의 현수교로 건설된 후 1887년 재건설
- 1939년 IRA의 폭탄 테러 시도가 있었으나 무산되었음

• 해머 스미스 다리*

4) 포트니 브리지(Putney Bridge, 1882~1886년)

- 1729년 목조로 건설될 당시 런던 브리지 서쪽의 유일한 교량이었음
- 1845년 이후로 옥스퍼드대학과 캠브리지 대학 조정 경기의 출발점 역할
- 1886년 현재의 다리로 바뀐 후, 현재는 일 평균 6만여 대의 차량이 통과하며 가장 정체가 심한 교량 중 하나

• 포트니 브리지 출처: www.shutterstock.com

5) 배터시 브리지(Battersea Bridge, 1886~1890년)

- 1772년 건설된 목재 교각은 1881년에 붕괴됨
- 최근 교각의 색상을 청록색에서 녹색과 황금색으로 변경

• 배터시 브리지*

6) 앨버트 브리지(Albert Bridge, 1871~1873년)

- 롤런드 오디시(Rowland Ordish)가 1873년 사장교로 건설했으나 구조적으로 불완전해 1884~1887년 조셉 바잘게트가 부분적으로 현수교의 요소를 더함
- 1861년 장티푸스로 세상을 떠난 빅토리아 여왕의 부군 앨버트(Albert) 공을 기념하기 위해 명명
- 1973년 그레이터 런던 시의회가 가운데 부분에 콘크리트 교각을 더함
- 앨버트 브리지 옆에는 1841년에 지어진 런던 수상버스 정거장 역할을 하는 카도간 피어(Cadogan Pier)가 있음

• 앨버트 브리지 출처: www.shutterstock.com

7) 첼시 브리지(Chelsea Bridge, 1934~1937년)

- 1851년 1차 교량 건설 당시 로마군의 유골과 무기류 들이 다량으로 발견되는 등 역사적인 장소로 기록됨
- 영화 〈런던 해즈 폴른(London Has Fallen)〉에서 폭파되는 장면으로 등장
- 빨간 철제 선이 특징적

• 첼시 브리지*

8) 벡스홀 브리지(Vauxhall Bridge, 1895~1906년)

- 1811년 석조로 짓다 건설 도중 설계를 변경한 템스강 최초의 철교

• 벡스홀 브리지*

9) 웨스트민스터 브리지(Westminster Bridge, 1854~1862년)

- 1750년에 이르러 1차 교량이 개통된 후 100여 년 뒤 재건설됨
- 현재 런던의 교량 중에서는 가장 오래됨
- 2017년 교량에 대한 테러 공격이 있어 보행자 3명, 경찰 1명이 사망함

• 웨스트민스터 브리지*

10) 워털루 브리지(Watterloo Bridge, 1937~1942년)

- 원래 이름은 스트렌드 브리지(Strand Bridge)였으나, 초창기 교량 개통 당시인 1817년 시기가 워털루전쟁 2주기와 일치함으로써, 현재의 다리 명을 가짐
- 1940년 영화 〈애수〉의 중요한 배경으로 등장함
- 1945년 새롭게 철근을 세우고, 리모델링을 거침

• 워털루 브리지 출처: visitlondon.com

11) 런던 브리지(London Bridge, 1974년)

- AD 100~400년 사이에 로마 점령군에 의해서 목조로 건설되었던 것이 시초
- 1831년 런던 브리지를 석조로 건축했지만 런던의 교통량 증가로 인해 다리에 무리가 가 상판이 내려앉음
- 1960년 다리를 다시 새로 건설하기로 했지만 역사적 가치가 있던 기존의 다리를 미국의 애리조나주에 매각해 현재 레이크 하바수(Lake Havasu)에 런던 브리지가 복원되어 있음

• 런던 브리지　　출처: www.shutterstock.com

12) 타워 브리지(Tower Bridge, 1886~1894년)

- 현재 빅벤과 함께 런던의 상징적인 랜드마크임과 동시에 관광 중심의 역할
- 고딕 양식으로, 선박의 왕래를 위해 요즈음도 한 해에 약 400여 회가 들어올려짐

• 타워 브리지 출처: www.shutterstock.com

13) 밀레니엄 브리지(Millenium Bridge, 2000년)

- 밀레니엄 프로젝트의 일환으로 지어졌으며 세인트 폴 대성당과 테이트 모던 미술관을 이어 주는 보행자 전용 다리
- 약 370m에 달하는 현수교로 기존의 현수교보다 낮게 건축된 것이 특징
- 야경이 아름다워 밤에 많은 관광객들이 찾음

• 밀레니엄 브리지

14) 헝거퍼드 브리지(Hungerford Bridge, 2002년)

- 엠뱅크먼트(Embankment)와 사우스 뱅크(South Bank)를 연결하는 보행자 전용 다리로 길이가 315m, 폭이 4m
- 워털루 브리지와 웨스트민스터 브리지 사이에 있으며 채링 크로스 브리지(Charing Cross Brdige)라고도 불림, 현재는 철도 교량 및 공통 교각을 이용해 보행자용인 골드 주빌리 브리지(Golden Jubilee Bridge)도 병설됨

• 헝거퍼드 브리지 출처: www.shutterstock.com

2. 킹스 크로스

석탄 야적장을 복합 문화 상업 공간으로

1. 프로젝트 개요

▣ King's Cross. 런던에서 가장 크고 흥미로운 도시 재생 개발 시설 중의 하나로, 빅토리아 시대부터 중요한 산업 중심지

▣ 20세기 후반 쇠퇴하기 시작한 철도 산업 지역을 도시계획의 방침 아래 공공과 더불어 역사적인 건물 복원 및 현대 건축 보완 작업을 함. 기차역과 더불어 사무실, 상가, 주택, 호텔, 갤러리, 대학교 등 역세권 복합 시설로 재생해 지역 경제 활성화에 원동력을 제공한 재생 프로젝트

▣ 유럽에서 가장 큰 규모의 도시 재생 프로젝트로 2007년 유럽 대륙을 연결하는 세인트 판크라스역에 완공되어 유럽과 런던 도심을 연결

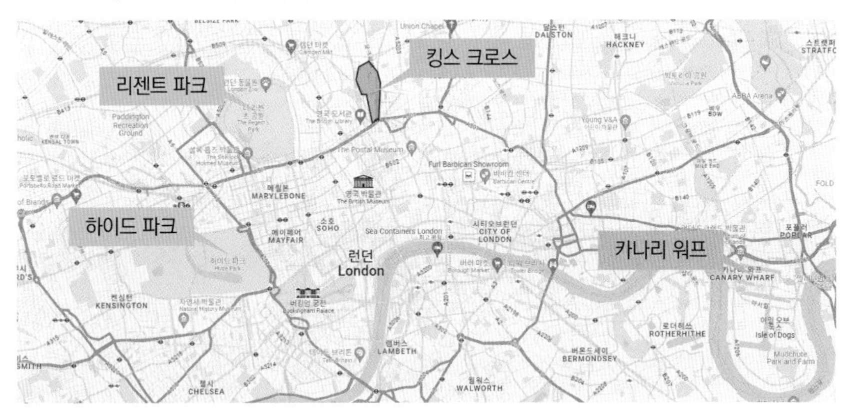

• 킹스 크로스 지역 위치

• 킹스 크로스 전경

출처: 구글어스

• 킹스 크로스역

2. 사업 개요

▣ 사업 부지: 74만m^2(800만ft^2), King's Cross London N1C 4AB

▣ 사업 추진 연도: 런던의 운송 중심지로 2006년부터 재개발 사업 추진

※ 2022년까지 연간 6,300만 명 수송, 고속철도 개발과 킹스 크로스역과 세인트 판크라스역 주변의 재개발이 핵심

▣ 사업 추진 주체(토지 소유): 정부, 민간

※ 2007년 정부가 토지 매각하여 사업 추진

▣ 개발 방식: 친환경 개발, 역사·문화 도시 재생 방식

▣ 개발 운영 주체: King's Cross Central Limited Partnership

※ 소유권: ARGENT LLP(개발회사, 50%), DHL Supply Chain(토지 소유 회사, 13.5%), LCR(London and Continental Railways Limited 토지 소유 회사, 36.5%)

▣ 설계: Allies and Morrison, Porphyrios Associates, Townshend Landscape Architects

▣ 철도 교통

- 2개의 역(King's Cross St., ST Pancras Interational)
- 6개의 철도 라인(Victoria, Piccadilly, Hammersmith&City, Circle, Bakerloo, Northern)이 교차함

▣ 재생 내역

- 50개 신축 건물, 1,900세대 신규 주택, 20개 거리, 10개소 새로운 공공 공원과 광장, 3만 명 일자리 창출
- 주요 입주사: Google, Aga Khan Foundation, BNP Paribas Real Estate, Centra Saint Martins College of Art & Design, University of the Arts London, London borough of Camden, SAV Credit, Louis Vuitton
- 호텔: Great Northern Hotel(91 rooms)

▣ 주요 투자비: 약 30억 파운드(4조 2,000억 원)

3. 재생 개발 역사

▣ 1987년 도버 해협 터널법을 시발점으로 2006년 최종 승인을 얻기까지 중앙 정부, 런던 정부, 커뮤니티, 개발 업자 등 여러 단체간의 협의와 합의를 거친 재생 사례

▣ 1996년 개발 계획에 관한 기본 논의가 이루어지며 37.5m 통합 도시 재생 예산을 운영하기 위하여 킹스 크로스 파트너십(King's Cross Partnerships; KCP)이 성립

▣ 킹스 크로스 반경 2마일 내의 공공, 민간, 지역 커뮤니티, 자치구의 이해당사자들이 모여 회의를 했으며 이후 CTRL 계획이 1996년 최종 승인됨

▣ 1997년 11월 런던 콘티넨탈 철도, 런던 캄덴 의회, 킹스 크로스 파트너십은 〈이머진 프린서플(Emergin Principle)〉을 발간하고 킹스 크로스 원칙을 제시함

▣ 2001년, 아르젠트(Argent)가 개발 파트너로 선정되었고, 지역사회, 정부 및 다른 이해관계자들과 몇년 간의 심도 있는 연구와 상담을 진행함

▣ 2006년, 마스터 플랜 완성

▣ 2007년, 공사 시작

▣ 2008년, 아르젠트 개발사는 LCR(London & Continental Railways), DHL과 조인트 파트너십을 체결하고 킹스 크로스 센트럴 리미티드 파트너십(Kings Cross Central Limited Partnership)을 설립하여 킹스 크로스에서 하나의 토지 소유자가 됨

▣ 2011년 9월 런던 예술 대학(University of the Arts London)은 더 그래너리 콤플렉스(the Granary Complex)로 이동. 개발의 일부가 처음으로 공개되고 그 이후 호텔, 레스토랑은 새롭게 단장되었으며 구글, 루이비통, 유니버설 뮤직과 바스 같은 회사가 유치됨

▣ 전체 개발 프로젝트 중, 아름다운 분수가 있는 그래너리 스퀘어(Granary Square), 루이스 큐빗(Cubitt) 공원과 새로운 개솔더(Gasholder) 공원 등 공공 광장과 정원을 조성함

■ 2015년 1월 영국 정부와 DHL사는 킹스 크로스 재개발에 대한 투자 비용 충당을 위해 호주의 연금회사에 재개발 공채 펀드를 판매함

4. 재생 배경

■ 산업혁명 시기부터 물류 운반과 화물의 이동을 담당했던 영국 산업의 중심축이었지만 영국의 산업 쇠퇴로 인하여 전체적으로 슬럼화됨

■ 지속적인 슬럼화로 인하여 빠른 변화를 시도했지만 이해관계자들의 끊임없는 요구와 긴 논의 및 대립으로 인하여 빠른 탈피를 할 수 없었음

■ 능동적 거버넌스를 구성하기 위하여 협력기구인 '임팩트 그룹(Impact Group)'을 만들고 이에 맞게 합리적인 시행을 주도함

■ 지리적 특징으로 유럽 대륙과 런던 중심부를 연결할 수 있었으며 6개의 지하철 노선, 템스 순환철도, 4개 공항과의 연결성에서 가장 중심부에 위치한 만큼 어느 곳보다 지리적인 입지가 좋음

■ 성장의 원동력: 역사적으로 기차역을 지역 성장 동력으로 뒷받침

- 19세기 중반 2개의 주요 역사가 건설됨
- 기차역 이전 운하, 기차역 개발로 인해 지역의 토지 값 상승
- 밀가루 창고, 감자 창고 등 운송의 중심지 역할을 했으나 쇠퇴하여 재생 및 재개발의 기회를 얻게 되었음

■ 공공 영역에서의 개발로 역 주변 부지 활용 가능

- 영국은 보수적인 성향으로 재생 및 재개발이 쉽지 않아 역 주변 개발에 어려움을 겪었으나 킹스 크로스 개발은 공공 영역 차원에서 개발이 되어 안정적으로 진행되고 추진된 사례임

■ 개발 개념

- 킹스 크로스 역은 이제 유로스타의 중심 역으로 개발
- 철도 노선을 정하는 원칙: 경제성이 아닌 지역 개발 계획 원칙을 우선시함

- 따라서 어느 역을 기점으로 할 것인지를 정하고, 노선의 결정은 전략적으로 선로가 지나가는 부분에서 기존 개발 지역을 피하면서 노선 결정

▣ 킹스 크로스 재생 방향 및 원칙

① 3가지 방향

- 활기 있는 도시 네트워크/지속적으로 이용되는 장소/접근성 향상

② 10가지 원칙(위의 3가지 방향이 포함됨)

- 활기 있는 도시 네트워크
- 지속적으로 이용되는 장소
- 접근성 향상
- 활력 있는 복합 용도
- 보전과 연계된 개발
- 킹스 크로스와 런던 모두에게 돌아가는 개발
- 장기적인 성공
- 참여와 고무적인 개발
- 안전한 재개발의 시행
- 투명한 재개발

5. 킹스 크로스 재생 사업의 특징

▣ 런던에서 가장 빠르게 재 실천된 커뮤니티 중 하나임

① 개발의 규모가 작음

② 정부의 지원으로 심의 과정을 간소화하여 수월하게 통과함

③ 공공이 개발 지원

▣ 지역 주변에 문화 시설이 많으며 사문화 시설을 보존하여 새로운 공간·건축과 조화

▣ 도시 기본 계획의 방침 준수: 고밀 복합 개발 추진

- 사업 이념: 역세권 고밀 복합 개발을 통해 교외 지역의 난개발을 방지하기 위해 사업 추진
- 허용 용적률: 500%(기본 지침 존재)이나 실제로 사업 추진시 500%가 되지 못하는 이유는 햄스틱 공원 등 주변부 조망권 제한에 의해 17층 이상의 건축물을 허용하지 못함
- 사업 부지 면적: 74만m²(벤치 마킹 사례: 카나리 워프 부지 = 50만m²)

▣ 15~20년간의 장기간에 건칠 재생 사업과 유연한 지침

▣ 용도: 업무 지구 50%, 주거 2,000세대, 쇼핑, 대학(University of the Art London)

※ 킹스 크로스는 80년대 카나리 워프 사업과 비교하여 카나리 워프가 업무 지구 중심으로 개발된 데 비해 킹스 크로스는 다양한 용도의 복합 개발로 개발되었고, 지속가능성을 중심으로 접근성, 시설의 집약(복합 개발)에 전략 목표 중점을 둠

6. 개발 사업 전략

▣ 학교 유치를 통해 젊은 유동 인구를 발생시켜 지역의 재생 효과를 기대

- 영국에서 가장 유명한 디자인 대학인 런던 예술 대학 유치
- 개발자, 소유주들의 직접 학교를 유치하고 관련 다른 민간 유관 업체 유치 가능

▣ 사업 투자금 및 파급 효과 추정

- 개발 가치: 30억 파운드 추정
- 투자금: 지난 10년간 25억 파운드(약 5조)

▣ 사업 방식: 다양함(단기 임대, 장기 임대 방식)

▣ 사업 초기 시작: 정부가 개발 업자 선정

- 개발 업자 선정 기준: 개발 효율을 높이고, 윤리적인 개발 업자 선정

▣ 사업 기간 원칙: 정부는 사업 기간을 장기적으로 구상

▣ 재정: 각각의 재정에 따라 운영

- 토지(연금 기금)+도시 기반 구조·시설(은행 금융)+개별 건축(개별 건축별로 민자유치)

▣ 사업 관리: ARGENT(개발회사)

- 홈페이지 통해 사업을 공개, 사업 현장 실시간 중계
- 분기(년4회)별 사업 소식지 발간을 통해 사업의 과정을 시민에게 공개

※ 영국의 개발 사업 특성은 기본적으로 장기 임대 형식으로 계약, 분양하지 않으며 건물은 개인 회사가 개별 소유하는 형태

7. 재생 및 개발 사업 성공 의의

▣ 최종 승인까지는 오랜 시간이 걸렸지만 그만큼 국가, 지역, 지자체, 커뮤니티 차원의 검토 과정을 거쳐 각 이해당사자와 경제적 여건에 맞는 다양한 의견들을 수립할 수 있는 상황을 마련함

▣ 국가 차원의 정책 가이드가 런던시의 런던 플랜으로 이어지고 이것이 지자체의 지역 발전 프레임 워크, 커뮤니티의 마스터 플랜 제시 및 활동으로 통일감 있게 이어질 수 있음

▣ 킹스 크로스의 재개발을 통한 가치에 대하여 끊임없는 커뮤니티와의 커뮤니케이션 및 전략 과정의 설득이 있었으며 문화, 경제, 환경, 사회 등 다양한 방면의 컨설팅이 끊이지 않음

▣ 커뮤니티 가치와 연계된 복합 용도와 높은 질의 공공 공간 구성을 통하여 상업 공간뿐 아니라 레저 문화 시설에 대한 용도가 드러남

▣ 정부의 지원, 공공의 지원으로 빠른 재생 사업 속도 추진 가능

▣ 대규모가 아닌 사업 규모로 사업 추진 원칙 준수 가능

▣ 교외 지역의 난개발을 방지하기 위해 역세권 고밀 복합 개발 사업 추진

▣ 시장 수요에 따른 적정 규모 공급, 건설을 위해 15~20년간의 '장기간 재생 사업 추진'과 이로 인한 지속가능성, 윤리적인 개발 사업자 선정을 원칙으로 함

▣ 지역 재생 활성화를 목표로 유명 대학을 유치하고 그 원동력으로 다른 민간 유치 개발 성공
▣ 지역 주민에게 사업 과정 공개(홈페이지 및 실시간 현장 동영상, 소식지 발간)

8. 킹스 크로스 기타 지역

1) 〈해리 포터〉 '9와 4분의 3' 승강장

- 킹스 크로스 역의 9번 홈과 10번 홈 사이에 있는 승강장으로 〈해리 포터〉 소설 및 영화에서 등장하며, 소설 배경의 호그와트 마법학교 직행 열차가 다니는 승강장
- 영화에 나온 킹스 크로스역은 리모델링 이전 세인트 판크라스역 위에 있는 호텔의 모습이지만 리모델링 이후 영화의 모습과 같아짐
- 해리포터 팬숍이 바로 옆에 위치하고 있으며 팬들이 벽을 향해 돌진하는 일이 많았기 때문에 경고판이 붙어 있음

• 9와 4분의 3 승강장

2) 그래너리 스퀘어(Granary Squre)

- 레전트 캐널 둑에 위치해 있으며 1,000개가 넘는 분수들이 안무에 맞춰 춤을 추며 야경이 화려함
- 광장을 둘러싸고 다양한 식당들이 있으며 가까이에 런던 예술 대학인 센트럴 세인트 마틴이 있고 근처 '캐러밴(Caravan)'이라는 카페는 런던 플랫 화이트 베스트 5 중 하나로 숨겨진 핫 플레이스라 불림

• 그래너리 스퀘어

3) 센트럴 세인트 마틴(Central Saint Martins)

- 유럽에서 가장 큰 규모의 종합 예술 대학으로 런던 예술 대학(University of the Arts London, UAL)을 구성하는 6개의 대학 중 하나
- 세계 일류 예술 대학 중 하나로 불리며, 미국의 파슨스 디자인 스쿨, 벨기에의 엔트워프 왕립 예술학교와 함께 세계 3대 패션 스쿨로 불림
- 1854년 세인트 마틴 스쿨 오브 아트와 1896년 건립된 센트럴 스쿨 오브 아트 앤 디자인이 1989년 합병하여 만들어짐
- 패션 및 섬유 디자인 분야에서 세계 최고의 학교로 평가받고 있으며 1998년 여왕이 수여하는 퀸즈 애니버서리 프라이즈(Queen's Anniversary Prize)를 수상했으며 QS 세계 대학 평가에서 예술 대학 분야 영국 2위, 전 세계 8위에 등극함
- 존 갈리아노, 스텔라 매카트니, 알렉산더 매퀸, 폴 스미스 등 다양한 인물들을 배출해 냈으며 순수 미술 대학, 패션 및 섬유 디자인 대학, 제품 및 산업 디자인 대학 등 총 8개의 프로그램으로 구성됨

• 세인트 센트럴 마틴

4) 콜 드랍 야드(Coal Drop Yard)

- 'It's not just fancy shops. It's a public space.'라는 슬로건을 내걸고 쇼핑과 라이프 스타일, 문화를 이루는 공공 공간
- 건물들에는 톰딕슨, MHL, 울프 & 배저 등 다양한 영국의 고급 브랜드들이 입점해 있음
- 1800년대까지 석탄의 야적장으로 사용되었으며 1879년 유리 제조업체인 배글리, 와일드 앤 컴퍼니가 이곳을 구입해 사용함
- 1900년부터 석탄 야적장으로 사용되던 건물들이 커다란 클럽으로 바뀌면서 많은 사람들이 찾게 되었으며 현재는 구글, 삼성 등 기업들이 사용하고 있음
- 건축 디자이너 토머스 헤더윅(Thomas Heatherwick)의 디자인을 통해 복합 문화 쇼핑몰로 개발함
- 2016년부터 재개발에 착수해 2018년 10월 26일 재개관했으며 1억 파운드 규모의 프로젝트였고 현재는 빅토리아 시대의 석탄 창고를 9,290m²의 쇼핑 단지와 공공 공간으로 개조함
- 지붕 두 개가 맞닿아 있는 아치형 창고 형식이 특징
- 현재 삼성 익스피어리언스 숍이 들어가 있으며, 삼성의 다양한 제품들을 체험할 수 있는 플래그십 스토어가 형성되어 있음
- 쇼핑몰 2층에 있는 삼성전자의 플래그십 스토어는 약 1,858m² 부지 규모로 개관했으며 '디자인 놀이터'로 제공하고 있음
- 패션쇼, 무대, 쿠킹쇼, 콘서트홀 등의 복합 문화 공간으로 활용하고 있음
- 외부 공간에서는 다양한 팝업 행사와 음악 공연이 열림

• 콜 드랍 야드 전경

• 콜 드랍 야드 2층에서 본 쇼핑몰 전경

• 콜 드랍 야드 전경

• 콜 드랍 야드 2층 삼성전자 킹스 크로스

9. 구글 킹스 크로스 본사

- ▣ Google HQ King's Cross(KGX1). 구글의 새 본사로, 구글의 운영을 통합하기 위한 야심 찬 프로젝트. 혁신적인 디자인과 편의 시설, 최신 기술을 활용한 설계로 구글의 가치를 반영하여 킹스 크로스 역 근처에 2024년 완공할 예정
- ▣ 10억 파운드 투자 규모로 약 7,000명의 직원을 고용할 수 있는 대규모 구글 런던 본사 사무실

• 구글 킹스 크로스 건물 조감도 출처: www.kingscross.co.uk/google

1) 디자인 및 건축

- ▣ 구글 킹스 크로스 본사는 헤더윅 스튜디오(Heatherwick Studio)와 BIG(Bjarke Ingels Group)의 협력 설계로, 길이가 런던 초고층 빌딩인 더 샤드(The Shard)의 높이를 능가해 '그라운드 스크레이퍼(groundscraper)'라는 애칭을 얻고 있으며, 11층에 걸쳐 9만 3,000m^2 이상의 면적을 자랑하고, 다양한 편의 시설과 사무실 기능을 위한 충분한 공간을 제공함

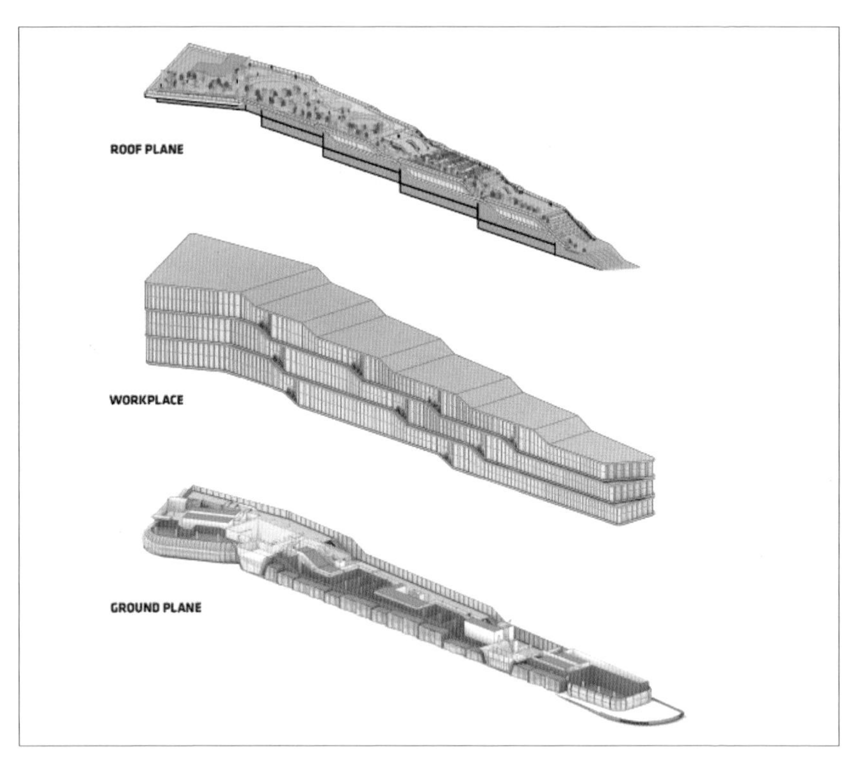

• 구글 킹스 크로스 본사의 상세 프로젝트

2) 건설 및 시설

▣ 건설은 2018년부터 시작되었으며, 직원들의 창의성과 업무 효율을 높이기 위해 열린 공간 구조 및 웰빙과 생산성을 향상시키기 위한 다양한 시설을 갖추고 있으며 활발한 커뮤니케이션을 위해 다양한 공공 공간과 커뮤니티 프로그램을 제공하고 있음

※ 다양한 편의 시설
- 옥상 정원: 200m 달리기 트랙과 녹지 공간
- 스포츠 시설: 25m 크기 수영장, 체육관 및 실내 스포츠 시설
- 소매 및 커뮤니티 공간: 1층에 위치한 소매 유닛과 커뮤니티 이벤트 공간

3) 지속가능성 및 혁신

▣ 적극적인 지속가능성을 반영하기 위해 최신 기술과 혁신적인 디자인을 도입하여 건설된 구글 킹스 크로스 본사는 지속가능성과 사용자 웰빙을 우선시함에 따라 건물은 고용량의 신선한 공기를 제공하는 고급 환기 시스템을 통합하여 실내 공기 질을 향상시키고, 이는 직원들의 건강과 생산성에 기여하며, 옥상 정원과 지속가능한 자재의 광범위한 사용은 프로젝트의 환경 책임을 강조하고 있음

• 구글 킹스 크로스 본사 실내 전경

4) 킹스 크로스에 미치는 영향

▣ 구글 킹스 크로스 본사 개발은 킹스 크로스 지역의 더 넓은 재개발 노력의 일환으로, 이 지역을 혁신과 기술의 중심지로 탈바꿈시키고 있으며 이 프로젝트는 기술과 과학 발전의 주요 중심지로서의 런던의 역할을 강조하고, 이 지역에 중요한 비즈니스와 고급 인재를 유치해 지역 사회의 발전을 도모함

3. 배터시 화력 발전소

버려진 화력 발전소를 문화 복합 개발 아이콘으로 재생

1. 프로젝트 개요

▣ Battersea Power Station. 1930년 건설되었다가 버려졌던 화력 발전소를 런던의 문화, 주거 및 상업 복합 개발 단지로 재생한 사례로 런던의 또 다른 아이콘이 됨(2022년 10월 오픈)

▣ 질스 길버트 스콧(Gilles Gibert Scott) 경이 설계하여 1930년 건설된 아르데코 양식이 돋보이는 랜드마크인 배터시 화력 발전소는 런던 전력의 최대 5분의 1을 생산하여 국회의사당과 버킹엄 궁전과 같이 런던에서 가장 유명한 랜드마크에 전기를 공급하였으나 석유, 가스, 원자력 추세에 밀려 1983년에 폐쇄됨

▣ 2011년 건축가 라파엘 비놀리(Rafael Vinoly)가 제안한 마스터 플랜이 승인되었고, 2012년 말레이시아의 SP 세티아(Setia)사와 사임 다비(Sime Darby)사의 컨소시엄에 의해 발전소 부지 매입이 진행되며 개발된 프로젝트임

▣ 총 사업 규모는 80억 파운드(약 13조 6,000억 원) 규모로 주거, 상업, 엔터테인먼트 등의 복합 시설로 개발되고 있으며 특히 애플은 발전소 부지의 40% 규모인 50만m^2를 임대하여 유럽 본사로 활용하고 있으며 발전소 3개 층에는 상점·바·레스토랑, 하늘 정원 광장 주변의 253개 아파트, 2,000석 규모의 강당과 영화관 등이 있으며 현재에도 주변 개발 부지인 총 42ac에, 총 5,000세대 규모로 개발하고 있고 세계적인 건축가인 게리 파트너스(Gehry Partners)

와 포스터 파트너스(Foster + Partners)가 설계를 담당하고 있음

• 템스 강변에 위치한 배터시 화력 발전소

• 배터시 화력 발전소 건축 모형

2. 개발 경과

- ▣ 배터시 화력 발전소는 두 개의 발전소가 따로 건설되어 하나의 건물로 묶여 있으며, A 발전소는 1929년부터 1935년까지, B 발전소는 1937년부터 1941년까지 건설되다가 제2차 세계대전으로 인해 공사가 중단되고, 1955년에 모든 공사가 마무리되어 4개의 굴뚝이 인상적인 현재의 모습이 됨
- ▣ 완공 후 A 발전소는 40년, B 발전소는 약 30년간 운영되다가 석유, 가스, 원자력 추세에 밀려 1975년엔 A 발전소가, 1983년에는 B 발전소가 가동을 멈췄고, 그 후 2014년까지 내부가 텅 빈 채로 방치되었음
- ▣ 1983년 가동을 중단한 후 오랜 시간 동안 방치되었던 배터시 화력 발전소는 폐쇄된 후 30년 이상 운영되지 않아 '위험에 처한 유산 등록부'에 포함되었고, 황폐해진 부지에 다시 활력을 불어넣기 위한 다양한 재개발 계획이 제안되었음

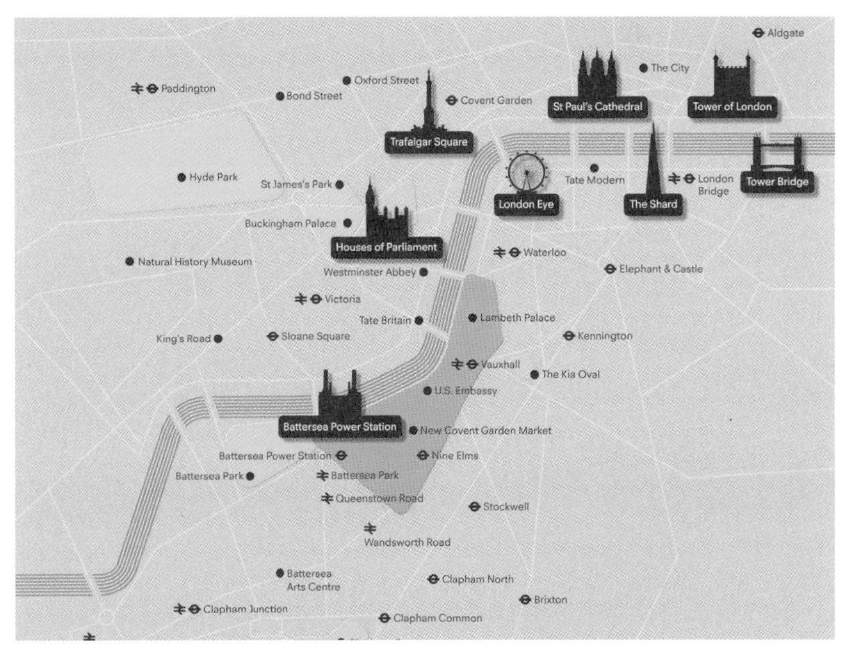

• 나인 엘름스(Nine Elms) 및 배터시 화력 발전소 위치

▣ 폐쇄된 이후에도 문화적 랜드마크 역할을 한 배터시 화력 발전소는 많은 영화의 배경이 되고, 화려한 쇼, 패션 촬영 및 행사의 장소가 되는 등 많은 예술가들에게 영감을 주었음

▣ 2012년, 역사상 처음으로 공개 시장에 매물로 나온 배터시 발전소는 말레이시아의 SP 세티아사와 사임 다비사의 컨소시엄에 대한 발전소 부지 매입이 진행되어 재개발이 시작되었음

• 배터시 발전소 개발 계획 출처: batterseapowerstation.co.uk

• 배터시 화력 발전소 전경

3. 주요 개발 내용

(1) 주거 공간 및 애플 유럽 본사 사무실

▣ 복원된 배터시 발전소는 자체 외관과 이미지를 유지하면서 보일러 하우스 및 터빈 홀(Turbine Hall) 위 상층 부분은 유리관 지붕을 입히고 안에는 신축 아파트 주거 공간과 애플 유럽 본사 사무실이 위치하여 있음

• 배터시 발전소 주거 공간 테라스

출처: battersea_power_station_development_brochure

• 배터시 화력 발전소 주거 공간

• 배터시 화력 발전소 애플 본사 개발 계획

출처: www.thetimes.com

(2) 상업 및 엔터테인먼트 공간

▣ 리테일 공간 내부는 발전소가 처음 건설된 1930년대의 화려한 아르데코 양식을 반영한 터빈 홀 A, 1950년대에 완공된 터빈 홀 B로 크게 나누어졌는데 원래의 발전소 공간에 현대 디자인을 조화롭게 반영하여 3개 층의 복합 상업 공간으로 조성함

▣ 터빈 홀 내부에는 휴고 보스, 티오리(Theory), 라코스테, 랄프 로렌, 이솝(Aesop), 스페이스 NK, 에이스(Ace) + 테이트(Tate), 루루레몬(lululemon), 멀베리(Mulberry), 조 말론 런던, 유니클로, 망고 등과 전문 서점 스탠퍼드(Stanfords)의 새로운 동네 서점인 배터시 북숍(Battersea Bookshop)이 입점했으며 보일러하우스에는 2만 4,000m²의 공간에 500개 규모의 푸드 홀, 2개의 바, 3개의 레스토랑 및 프라이빗 다이닝 룸인 대형 아케이드 푸드 홀(ARCADE FOOD HALL)이 오픈했고 영화관 등 다양한 엔터테인 시설 등이 오픈했음

• 보일러 하우스 아케이드 푸드 홀 출처: www.arcadefoodhall.com

(3) 리프트(Lift) 109

▣ 거대한 연기를 뿜었던 굴뚝 중 하나는 현 북서쪽 굴뚝 꼭대기까지 올라가는 유리 엘리베이터를 결합하여 런던 전경과 템스강의 멋진 경관을 감상할 수 있는 리프트 109 전망대로 재탄생함

• 리프트 109(왼쪽), 굴뚝 위에서 바라본 배터시 전경(오른쪽)

(4) 주변 주거 상가 및 호텔

▣ 발전소 옆 부지인 일렉트릭 불레바르(Electric Boulevard) 지역에도 바와 레스토랑, 사무실 공간, 상점, 공원, 피트니스 체육 시설 커뮤니티 허브 및 영국에서 개장하는 브랜드 최초의 호텔인 아르토텔(art'otel)의 새로운 164개 객실 호텔이 오픈함

• 일렉트릭 불레바르 출처: search.savills.com

4. 배터시 화력 발전소의 재생 의의

▣ 배터시 화력 발전소 재생 프로젝트는 역사적인 발전소 자체의 복원, 발전소 북쪽에 새로운 강변 공원 조성, 배터시 발전소 지하철 역의 확장 등 대규모 프로젝트의 일환으로 발전소 부지를 거주 구역, 식당, 바, 사무공간, 쇼핑 공간, 엔터테인먼트 등 총 42ac, 총 5,000세대 규모로 재개발하고 있음

▣ 따라서 런던 전력의 5분의 1을 공급했던 역사적 산업 유산을 현대적으로 재해석하여 런던의 새로운 랜드마크로 탄생시킨 성공적인 사례로 놀고, 먹고, 쇼핑하고, 일하고, 삶을 즐길 수 있는 에너지를 공급하는 복합 도시 재생의 모범적인 사례임

4. 밀레니엄 프로젝트

민간 자본을 활용한 공공 시설 개발 재생 프로젝트

1. 프로젝트 개요

▣ Millennium Project. 1995년 결정된 밀레니엄 위원회(Millennium Mission)를 설립하고 한화 약 3조 원의 기금을 조성함

▣ 런던 내 200개, 영국 전체 3,000여 개의 프로젝트에 분산 투자를 했는데 이 중 가장 대규모 공공 프로젝트가 런던 아이, 밀레니엄 브리지, 밀레니엄 돔 등임

• 밀레니엄 프로젝트

▣ 런던은 북부와 서부가 왕궁, 귀족이 있었던 부촌이었으며 남쪽과 동쪽이 상대적으로 슬럼화되어 있었음. 20세기 후반 공장 시설들이 도심을 떠나며 도시 공간의 공백이 우려됨

▣ 런던의 낙후 지역을 중심으로 개발되었으며 램버스, 시덕, 그리니치 반도 등 런던의 템스강을 중심으로 이어 주는 역할을 함

▣ 낙후된 지역을 재생시키고 브랜드화하여 명소를 만들고, 지역 균등 개발 정책의 하나로 공공성을 강조함

2. 밀레니엄 프로젝트 건축물

1) 밀레니엄 브리지(Millennium Bridge)

▣ 개요

- 템스강을 가로질러 테이트 모던과 세인트 폴 대성당을 이어 주는 인도교
- 영국의 대표적 건축가인 노먼 포스터(Norman Foster), 엔지니어 그룹 에이럽(Arup), 조각가 앤터니 카로(Anthony Caro)의 합작품으로 영국 최초의 보행자 다리를 건설함
- 템스강 북쪽의 센트럴 런던과 남쪽의 서더크(Southwark) 지역을 연결했으며 북과 남을 기준으로 나누어져 있던 런던을 연결해 전반적인 불균형을 풀어 냄
- 세인트 폴 대성당-밀레니엄 브리지-테이트 모던이라는 관광 코스를 연결하는 중추적인 역할을 하며 과거와 현재, 클래식함과 모던함을 연결하는 것으로 의미가 큼
- 2000년 6월 10일 개통했지만 다리의 불안정성으로 인해 3일 후 통행을 금지했으며 2002년 2월 22일 재개통함

• 밀레니엄 브리지 전경

▣ 재원

구분	내용
길이	370m
너비	4m
공사	Monberg Thorsen and Sir Robert McAlpine Engineer Arup
예산	약 320억 원
특징	Y자 형태 교각의 양쪽 끝에 각각 4개의 스펜션 케이블을 걸어서 알루미늄 데크를 지탱하고 있으며 현수교임에도 불구하고 줄을 다리 양옆으로 눕혀 기둥을 높게 세우지 않음

2) 밀레니엄 돔(Millennium Dome)

▣ 개요

- 19세기 후반부터 20세기 후반까지 그리니치 반도에 있던 가스 공장이 철거되고 남은 자리에 세워짐
- 기존에는 새천년 기념 국제 박람회 전시장을 세운다는 계획으로 건축가 리

처드 마이어(Richard Meier)가 디자인함

- 세계 표준시(GMT)가 탄생한 그리니치의 상징적인 측면을 이용해 돔의 측면에 100m 높이의 12개 기둥과 직경 365m의 지붕을 만들었으며 이는 세계 최대 규모의 단일 지붕 구조체
- 약 2만 3,000명을 수용할 수 있는 종합 엔터테인먼트 시설로 구성됨

▣ 재원

구분	내용
내부 면적	76,650m²
직경	320m
중심부 높이	50m
설계	Architect Richard Rogers Partnership
엔지니어	Buro Happold
예산	약 한화 1조 1,000억 원
특징	10m 높이의 철제 기둥이 돔을 매달고 있는 구조이며 이는 내구연한이 최소 60년으로 설계되어 있고 돔의 천장은 25년의 내구연한을 가짐

▣ 구성

- 돔의 내부는 총 14개의 구역으로 나뉘며 각 구역은 각자 주제를 가지고 그에 맞는 전시를 함. ① 배움 ② 노동 ③ 트렌스젝션 ④ 휴식 ⑤ 마음 ⑥ 영혼 ⑦ 커뮤니케이션 ⑧ 자연적 상징 ⑨ 글로벌 ⑩ 자연 ⑪ 모빌리티 ⑫ 지역 ⑬ 놀이 ⑭ 몸

• 밀레니엄 돔

- 돔의 중앙에 2.5m 높이의 인간 조형물이 있으며 이것은 ⑭ 몸(Body) 구역에 전시되어 있고 21세기에 도래된 여권 신장과 남성 지위의 변화를 상징함
- 현재는 운영난을 이기지 못해 가동을 중단하고 있으며 메이디언 델타 리미티드(Meridian Delta Limited)사에서 용도를 변경해 2만 6,000석의 대규모 스포츠 이벤트 및 콘서트장으로 활용하고 있음

3) 런던 아이(London Eye)

▣ 개요

- 1999년 12월 31일 개장한 대관람차로 템스 강변에 위하고 있으며 높이 135m로 유럽에서 가장 높은 대관람차
- 밀레니엄 휠(Millennium Wheel)이라고도 불리며 영국항공(British Airways)이 새천년을 기념하며 만들었음. 개장일에 기술적 문제가 발생하여 2000년 3월에 일반인에게 공개됨
- 5년간만 운행할 계획으로 만들어진 임시 건축물이었으나 매년 3,500만 명 이상의 관람객들이 방문하며 빅벤, 런던 타워 브리지와 함께 런던의 주요 랜드마크로 선정되었으며 2002년 영구 설치 허가를 받음
- 32개의 관람용 캡슐이 설치되어 있으며 1개의 캡슐에는 25명이 탑승 가능하며 런던 아이를 중심으로 40km 반경을 볼 수 있음

▣ 재원

구분	내용
높이	135m
설계	Architect David Marks and Julia Barfield
소유	투사우즈 그룹(The Tussauds Group)
후원	2011~2014년 EDF 에너지 회사 2015년 코카콜라(Coca Cola)
엔지니어	Hollandia
예산	약 1,000억 원

• 런던 아이 출처: www.shutterstock.com

4) 그리니치 밀레니엄 빌리지(Greenwich Millennium Village)

▣ 개요

- 1999년에 시작된 런던 그리니치 밀레니엄 빌리지(GMV) 건설 프로젝트의 기본 개념은 18~19세기 당시의 런던 길거리와 광장을 21세기 도시 프로젝트로 살려 내자는 것, 즉 전통과 문화의 복원
- 이는 GMV의 설계를 총괄한 스웨덴의 건축가 랠프 어스킨(2005년 작고) 경이 내세운 '21세기 도시 마을'의 핵심임
- 이에 따라 영국 정부가 주도하는 여러 밀레니엄 커뮤니티 프로젝트 가운데 하나인 GMV는 현대식 아파트 촌이면서도 전통적인 영국 마을의 형태를 지니며 건설되고 있음
- 개발 기간: 1997년(실제건설 1999~2005년)
- 개발 주체: English Partnership Greenwich Millennium Village(GMVL)
- 개발 목적: 도클랜드 지역의 새로운 주거 지역으로 건설, 21세기의 도시 생활을 위한 새로운 도시 마을 창조
- 개발 방식: 영국의 재개발기구인 잉글리시 파트너십(English Partnership)의

'밀레니엄 커뮤니티 프로그램' 시행에 따라 21세기의 새로운 주거 단지를 조성하고자 과거 가스 저장 시설이 있던 그리니치 반도의 재개발을 시행하면서 일반 주거지 개발

• 그리니치 빌리지 내의 아파트

- 1985년 폐쇄된 가스 공장이 있었던 곳으로 도시 재개발이 아닌 재생 프로젝트 일부로 정부, 지방자치단체, 공기업의 협력인 '잉글리시 파트너십'이 개발함
- 친환경 단지로 조성하고자 했으며 차양 설치, 태양열 활용, 고단열재 적용 등을 통해 주택 에너지 소비량을 기존의 50%로 절감함
- 수도 이용 또한 빗물, 저습지, 연못, 호수 순환 체계, 절수형 등을 설치해 일반 주택 수도 소비량의 30%를 절약함
- 밀레니엄 빌리지의 비전은 보행자와 근로자를 위한 역동적인 커뮤니티 조성으로 지형, 에너지, 동선, 토지 회복 등에 초점이 맞추어져 있음
- 건축 자재 또한 지역 내에서 생산되는 자재와 친환경적 재료를 사용했음

▣ 성장 배경

- GMV는 그리니치 반도 300ac(약 181ha)에 템스 게이트웨이 재생 프로젝트의 하나로 건설되고 있음
- 템스강에 면한 그리니치 지역은 영국 가스 공장이 있던 곳으로 100년 이상

공장 부지로 사용됐음
- 1985년 공장이 문을 닫은 뒤엔 오염된 토양에 쓰레기가 방치되는 등 버려진 땅으로 애물단지가 되었음
- 그러나 런던 도심에서 가깝고 템스강 건너편 고층 건물 밀집 지역인 카나리 워프를 마주 보는 등 입지가 뛰어나다는 점이 정부의 눈길을 끌었음
- 이에 따라 국가 재생 사업을 담당하는 잉글리시 파트너십이 도시 재생에 나섬

※ "Millennium Communities Programme"

- 21세기에 적합한 새로운 거주지를 형성하는 것으로 7개의 시범 지구가 선정되었으며, 그중 첫 번째가 그리니치 반도의 재개발 지구인 밀레니엄 빌리지임
- 경전철을 비롯한 기반 시설은 정부가 지원해 개발했고, 나머지는 민간 자본으로개발함

▣ 구성
- 면적: 3만 3,469m²
- 인구: 약 1만 3,000명 이상
- 계획 및 건축 시기: 1997~2005년
- 건축가: 에르스킨 토바트(Erskine Tovatt)
- 대규모 공원과 인공으로 조성된 호수를 계획하고 서로 연결했으며, 이들을 중심으로 작은 중정을 에워싸는 주거동들을 주변으로 배치시킴
- GMV의 주거 지역은 이 가운데 72ac(29ha)에 건설
- 주거 수는 1,300여 가구로 상업 시설도 함게 들어가 있으며 단지는 총 4구역으로 나눠서 단계별로 공사가 이루어지도록 계획
- 1999년 1단계 건설을 시행함

※ 영국 정부는 GMV를 사회적 통합, 교통, 커뮤니케이션, 환경, 테크놀로지, 혁신과 같은 키워드를 모두 아우르는 도시 주거 모델로 개발한다는 계획

▣ 특징
- 이곳의 아파트 외관은 우선 시각적인 자극을 주며 지나치게 화려한 색채로

이뤄졌다는 인상을 주지만 음울한 런던의 겨울 날씨와는 절묘한 조화를 이루고 있음

- GMV는 아파트 촌이라는 의미에서는 한국의 신도시들과 다를 바 없음. 하지만 층수가 6~10층으로 중·저층 위주로 구성돼 있고, 여러 개의 작은 광장을 중심으로 주택들이 나눠져 마을 분위기를 풍긴다는 게 특징
- 또 아파트 사이 사이에 음식점이나 가게를 배치한 복합 용도의 단지를 만들어 놓았음. 그런 의미에서 영국의 '어번 빌리지(도시 마을)'는 미국의 뉴어버니즘과 비슷한 특징을 지님. 복합 용도와 전통 마을 구조의 복원이라는 원칙을 충실하게 따랐다는 점이 특징

• 그리니치 빌리지 안내도

- 이 단지에서 또 하나 눈에 띄는 것은 주차장으로, 아파트 건물을 잇는 2층 건물을 지어 주차장으로 사용하고, 그 옥상은 아파트 주민들이 공동 관리하는 화단으로 꾸민 숨어 있는 주차장
- 옥상 화단은 아파트 가운데의 광장과 계단으로 이어져 있음
- 21세기 미래형 주거 단지의 대안으로서 환경 친화적이고 지속가능한 커뮤니티를 만드는 것을 목표로 함

▣ GMV의 실천 전략

① 친환경 전략

- 주거동 배치 계획에서 일조 및 일사를 고려하고 자연 채광 및 자연 통풍을 중시
- 에너지, 자원, 물 사용의 지속성을 제고하기 위해 80% 초기 에너지 절감, 50% 단지 내 쓰레기 절감, CO_2 배출 제로, 80% 중수도 시스템, 30% 물 수요 절감과 같은 상세하고 구체적인 환경 목표를 설정
- 템스강과 연결된 습지를 동식물의 서식처로 조성해 새로운 생태계 형성

② 지속가능한 커뮤니티

- 사회적, 물리적 인프라 건설
- 마을 재단이 설립되어 마을을 관리
- 지역 커뮤니티의 단절을 막고 저소득층을 위해 자가 주택(80%)과 임대주택(20%)이 혼합 구성되어 있지만 따로 구분되지 않게 섞음으로써 구성원간의 소외와 갈등을 방지
- 경제적 자립성과 효율성
- 대형 식당가를 갖춘 슈퍼마켓인 세인즈베리와 대형쇼핑몰 등으로 6,500여 명의 일자리 창출

③ 미래에 대한 적응성을 높인 주거 계획

- 공장 생산에 기반을 둔 건설 공법으로 거주자의 선택의 폭을 확대하고, 단위 주거 계획의 융통성 확보와 유기적인 성장이 가능하게 함
- 거주자의 상황 변화에 따라 평면의 레이아웃이 유연하게 변화할 수 있도록 차음 성능이 높은 슬라이딩 칸막이 벽의 사용으로 내부 공간의 적응성을 높임
- 건물 전체의 업그레이드와 재구성을 수용하기 위해 설비 시설 시스템을 통합

④ 보행 및 자전거 우선의 교통

▣ 녹색 건설의 주요 특성

① 친환경적 공원 녹지 체계 조성

- 템스 강가와 생태적 보존지를 함께 개발해 주거 단지와 생태 공원이 공생함

- 에코 파크를 비롯한 오픈 스페이스 공간은 전체 면적 50%를 차지함
- 보존 지역 주변에 산책로를 설치해 연못과 호수와 템스강을 연결하는 등 주거 단지와 주변 환경의 생태적 연결성을 확보
- 식재된 나무와 관목은 12만 그루에 이르며, 나무는 대부분 3개의 메인 공원에 식재됨

② 에너지 절감 주택의 실현

- 기존 주거 단지에 비해 에너지 소비를 50%로 절감
- 건물에는 차양 설치, 태양열 활용(자연 채광), 고단열재 적용, 절전형 등과 일조 조절 센서, 고효율 전기 제품을 적용
- 물 소비량은 기존 주거지에 비해 30% 절약
- 빗물 접수 및 재활용, 중수 활용, 절수형 변기, 스프레이형 수도꼭지 설치
- 외부 공간으로는 투수성 포장을 적극 활용해 포장 면적을 최소화하고 있으며, 저습지, 연못, 호수 등의 물 순환 체계를 구축
- 에너지 생산에서는 태양열과 풍력 등 대체에너지 활용
- 열병합발전(Combined Heat and Power: CHP)을 통해 이산화탄소의 배출을 최소화하는 등 그린에너지를 적극 활용

• 그리니치 빌리지 아파트

- 영국의 친환경 주거(Eco Home ratimg) 기준의 건축 연구 건설 BRE(Building Research Establishment) 분야에서 최초로 '엑설런트' 등급을 받은 사례임

③ 친환경적인 건축 자재 활용

- 지속가능한 친환경 자재를 사용하도록 의무화함
- 건물의 페인팅조차 유독 가스 생성이 적은 논 폴루팅 페인트(Non-Polluting Paint)를 사용
- 건물들의 각 공정별로 필요한 내재(Embodied) 에너지의 50%를 감소시키기 위해서 기존 콘크리트 바닥은 목재 바닥으로 전환
- 벽돌과 블록으로 된 벽채도 목재 패널로 전환함으로써 에너지 절감

④ 지속가능한 교통망 체계

- 대중 교통 지향형 개발(Transit Orientied Developed, TOD) 실천
- 경전철이 단지의 가운데를 통과하고 있으며 약 400m마다 정차
- 대중 교통 시설이 갖춰져 있고 보행과 자전거를 통해 인근 커뮤니티 시설 접근 용이
- 단지 내 차량 최소화
- 주차장은 방문객을 포함해 가구당 1.25대만 주차하도록 제한
- 지상 주차 공간을 최대한 억제해 지하 주차장과 주차 타워를 건설하여 단지 안을 보행 공간으로 조성
- 주택과 주차장이 별도로 매각되는데 주차장을 소유하려면 약 3,000만 원을 더 지출해야 함
- 주차장을 원하지 않는 구매자는 저렴한 가격으로 주택 구입
- 1차 에너지 65% 절감
- 시공 과정의 내재 에너지 25% 절감
- 상수 소비량 30% 절감
- 시공 비용 및 기간 20% 절감 및 단축
- 시공 폐기물 50% 절감

▣ 녹색 건설의 주요 시사점

① 다양한 주택 형태와 수변 공간의 적극적인 활용

- 주택 형태의 다양성을 확보하고 수변 공간을 적극적으로 활용하여 친환경적인 녹색 주거 단지로서의 이미지 제고

② 에너지 순환 시스템

- 자체적으로 중앙난방, 온수와 전력을 공급하는 에너지 순환 시스템(CHP, Combined Half & Power System)으로 기존 주거 단지에 비해 에너지 소비 50% 절감

③ 친환경적 공원 녹지 체계

- 보전 지역 주변에 산책로를 설치하여 연못, 호수와 템스강을 연결하는 등 주거 단지와 주변 환경의 생태적 연결성 확보

④ 친환경적 건축 자재 활용

▣ 그리니치 빌리지 결론

- 영국 정부는 GMV를 사회적 통합, 교통·커뮤니케이션, 환경, 테크놀로지, 혁신과 같은 키워드를 모두 아우르는 도시 주거 모델로 개발한다는 계획
- 이를 통해 런던을 세계 제1의 글로벌 시티로 부상시키자는 것
- 런던 대학교 도시계획 및 디자인학과 연구실에서 만난 매튜 카모나 교수는 "GMV의 건설은 런던을 업그레이드하려는 노력 가운데 하나"라고 설명
- 카모나 교수는 "금융·디자인 등 첨단 지식정보 산업을 유치하기 위해서는 뛰어난 업무·문화·주거 환경은 물론 도시 인프라가 반드시 필요하기 때문"이라고 설명

• 그리니치 빌리지 아파트

5. 테이트 모던

화력 발전소를 세계적 미술관으로

1. 프로젝트 개요

- ▣ Tate Modern. 2000년 5월 12일 개관한 영국 정부의 밀레니엄 프로젝트의 일환으로 템스 강변의 뱅크사이드 화력 발전소를 세계적인 문화 공간 갤러리로 랜드마크화하여 재생시킨 사례
- ▣ 연 500여만 명이 방문하는 세계에서 가장 인기 있는 현대 미술관이며 동시에 99m 높이의 거대한 굴뚝이 과거 화력 발전소의 외관을 보여 주는 것이 특징

• 테이트 모던

▣ 1992년 테이트 그룹이 현대 미술 전문 갤러리의 건립을 계획했으며 이에 1988년 재단 리더인 니콜러스 세로타 경(Sir Nicholas Serota)이 템스강 남쪽의 뱅크사이드 발전소를 선정함

▣ 뱅크사이드 발전소는 영국의 빨간 공중전화를 디자인한 길버트 스콧 경(Sir Giles Gilbert Scott)이 1947년 만든 화력 발전소였으며, 1994년 미술관으로 재생이 결정된 후 스위스의 건축가 자크 헤르초크(Jacques Herzog)와 피에르 드 뫼롱(Pierre de Meuron)이 건축함

2. 전시관

▣ 1897년 헨리 테이트(Henry Tate)가 설립한 테이트 갤러리가 1500년 이후 2000년까지의 영국 작가들의 작품을 전시한 반면, 테이트 모던은 19세기 이후의 컬렉션과 동시대 미술이 전시의 중심

▣ 테이트 모던 건물의 개조 비용은 총 2억 2,000만 달러(50% 국가 복권 지원금, 50% 기업 및 개인 기부금)이 소요되었으며, 매년 8억 달러 이상의 수입을 올림

▣ 기존 건축물의 공장 건물과 2개의 유리창을, 원형을 보존하면서 사용하여 투명성과 열린 공간을 강조했으며 테이트 모던의 상징인 굴뚝에는 반투명 패널을 사용하여 밤이면 등대처럼 보이는 것이 특징

▣ 화력 발전소의 상부를 박스 형태로 증축하고 3,400m^2 내부의 터빈실은 터빈만 제거한 상태로 사용함, H빔 및 천장 크레인 등을 모두 그대로 보존함

▣ 건물 내부는 좁고 긴 공간을 하나의 통로 개념으로 보아 두 개의 공간으로 분류되며 터빈홀은 하나의 커다란 열린 갤러리의 성격을 띰. 갤러리 층에는 정적인 느낌의 전시실 배치

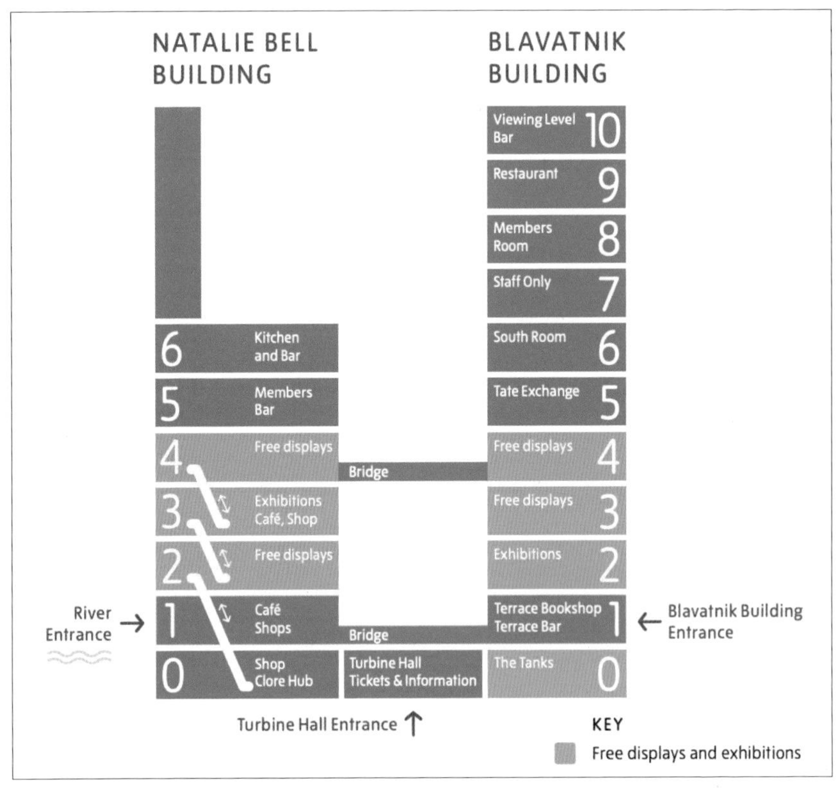

• 테이트 모던 가이드

▣ 총 7층으로 구성. 1층은 기념품 숍, 2층은 카페, 3~5층은 전시실, 6층은 멤버룸, 7층은 레스토랑. 템스강 쪽에서는 2층으로 이어짐

▣ 터빈홀은 1년 단위로 대규모 설치 조각을 전시함. 2006년 독일 출신 설치조각가 카르스텐 횔러가 제작한 5층 규모의 미끄럼틀을 제작해 많은 방문객들이 미끄럼틀을 타기 위해 줄을 섬

▣ 나탈리 벨 빌딩(Natalie Bell Building, 6층)과 블라바트닉 빌딩(Blavatnik Building, 10층 전망대)이 있으며 1층과 4층을 각 다리로 연결했고 10층의 전망대는 2016년 7월 오픈함

▣ 터빈홀 프로젝트(TurbineHall project)는 유니레버의 후원으로 전시된 이후 현

대자동차가 2015년부터 11년간 후원함

▣ 일반적인 미술관이 소장품을 시대나 사조에 따라 전시하는 데 비해 테이트 모던은 미술품들을 4가지 주제(풍경화, 정물화, 인체, 역사)로 분류한 것이 특징임

① 정물/사물/실생활

· 3층 절반 정도의 공간을 차지하며 레제, 뒤샹, 피가비아 등 초현실주의 작가와 팝아트 작가가 포함되어 있음

② 풍경/질료/환경

· 3층의 나머지 공간에서 진시 중이며 모네에서 큐비즘, 포비즘 등 추상 계열의 예술품들을 전시함

③ 나체/액션/인체

· 초기 모더니즘의 누드화, 앙리 마티스(Henri Mattisse), 알베르토 자코메티(Alberto Giacometti), 바넷 뉴먼(Barnett Newman)과 레베카 혼(Rebecca Horn) 등이 소개됨

④ 역사/기억/사회

· 데스틸, 구성주의, 미니멀리즘 등을 포함해 앤디 워홀, 피카소 등의 작품이 전시

• 과거의 터빈홀(왼쪽)과 2006년 설치된 미끄럼틀(오른쪽) 출처: ceokf.or.kr

3. 문화 재생 의의

▣ 런던을 문화예술 도시로 한 단계 업그레이드시켰으며 특히 테이트 모던 개관 이래로 현대 미술이 뉴욕에서 런던으로 옮겨졌다는 말이 있음
▣ 세계적 수준의 소장품 및 전시와 더불어 과거 건축물의 원형과 현대적인 감각이 잘 어우러지는 것이 특징
▣ 국가 복권 지원금과 기업 및 개인 기부금, 2,400개 이상의 신규 일자리 창출, 관광객 유치, 기업 및 개인 후원 등 다양한 방식으로 국가 경제 활성화에 기여함
▣ 템스강을 사이에 두고 세인트 폴 대성당과 화력 발전소의 시각적 연계를 중요한 고려 요소로 해 템스강 남북의 도시 경관을 잘 조화시킴

4. 기타

▣ 2019년 10월 17일부터 고 백남준 아티스트의 작품이 회고전 형식으로 전시됨
▣ 6층의 카페 창가 자리에서는 세인트 폴 대성당, 템스강, 밀레니엄 브리지를 한눈에 볼 수 있으며 10층 뷰잉 레벨(Viewing Level)에서는 360도 런던의 스카이라인을 볼 수 있음
▣ 크리스마스 기간을 제외하면 휴무가 없으며 입장료는 무료이지만 특별 전시의 경우 유료 관람

6. 런던 시청

런던 시청 이전을 통한 낙후 지역의 균형 발전

1. 프로젝트 개요

- London City Hall. 런던의 전체적인 관리와 조정을 담당하는 기관으로, 4년마다 선출되는 런던 시장과 25명으로 구성된 런던 의회로 구성됨
- 청사는 타워 브리지 근처, 템스강 남쪽인 서더크에 위치하고 있음. 영국의 대표적 건축가 노먼 포스터가 설계했으며 GLA(Greater London Authority)의 설립 2년 후인 2002년 7월 개청함
- 2002년 완공 후 많은 사람들이 호텔로 생각할 정도로, 보편적으로 상상할 수 있는 사무용 혹은 관공서 건물의 이미지에서 탈피한 모습 때문에 '스타워즈 다스 배이더 헬멧', '알', '쥐며느리' 등 많은 애칭을 가짐
- 독특한 외형으로 초창기에는 부정적인 이미지가 많았으나 이후 관광객들의 방문과 에너지 절약을 통해 친환경적으로 이미지를 쇄신함
- 건물 내에는 길이 500m의 나선형 계단이 있으며 최상층인 10층에는 전시실과 '런던의 거실(London's Living Room)'이라 불리는 공간이 있고 시민들에게 개방된 전망대가 있음

• 런던 시청 외관

2. 개발 개요

▣ 친환경적 디자인

- '친환경 건축'을 추구한 연구의 성과물로 10층 규모에 높이 45m인 런던 시청은 사실상 앞뒤 구분이 따로 없음. 굳이 구분을 하자면 템스강과 마주한 방향이 정면. 이 정도 높이와 면적을 갖는 비슷한 규모의 박스형 건물과 비교할 때, 런던 시청은 정형화된 면을 갖지 않음
- 가장 큰 건축 효과는 건물 전체의 표면적이 약 25%가량 줄어 자연스럽게 공사 비용은 물론 관리 및 유지 비용에서 엄청난 절감 효과를 가져옴. 반면에 표면적이 줄어들었음에도 불구하고 건물의 모든 면이 쉽게 태양열을 흡수하게 되어 이로부터 건물 유지에 필요한 에너지의 70%가량을 충당

▣ 건축 재원

구분	내용
건물 준공	1998년 발주, 2002년 완공
규모	총면적 19,814m^2, 높이 45m
발주처	More London Development Ltd.
구조 엔지니어사	Arup
상주	1만 5,000명

• 런던 시청 내부

• 런던 시청 내부 홀

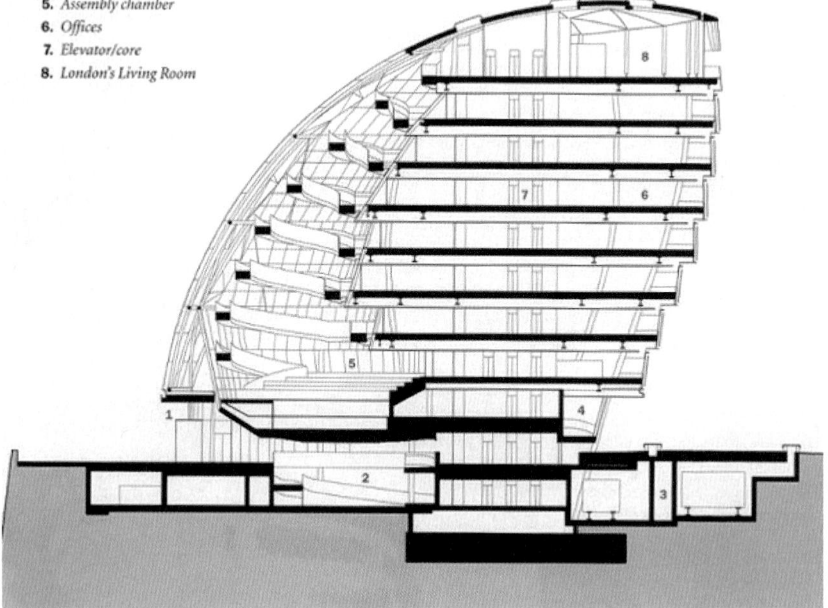

• 런던 시청 단면도 출처: sites.google.com/site/londoncityhall

3. 런던 시청의 주변 역할

▣ 낙후된 주변 지역을 개발시키는 촉매 역할을 함

- 멋진 경관과 함께 시청을 중심으로 공공 공간의 범위가 빠르게 넓어지고 있음
- 템스강 남동쪽의 랜드마크로 자리매김하면서, 일대 유흥가의 쇠퇴로 관광객들이 더욱 찾지 않았던 데 비해 변화를 가져옴

▣ 런던 시청의 독특한 외관을 통해 타워 브리지의 관광객들을 유입시키는 관광 효과를 가지고 있으며 이를 통해 공공 공간의 개발을 유도함

- ▣ 런던 타워의 고전 및 수직적인 이미지와 대비되는 현대적, 곡선적 이미지를 통해 사람들에게 상반되는 느낌을 제공함
- ▣ 런던 시청이 자리 잡은 장소는 '풀 오브 런던(Pool of London)'의 부두 시설을 지원하기 위해 선창이 있던 장소. 이곳이 현재는 신 업무 개발 지구로 지정되어 서쪽의 업무 시설 단지와는 다른 새로운 곳으로 탄생함
- ▣ 런던의 시청은 2021년 12월 로열 도크(Royal Dock) 지역의 '더 크리스탈(The Crystal)'로 이전함

7. 사우스 뱅크 센터

수변 공간의 재생: 문화 콘텐츠 활용

1. 프로젝트 개요

▣ South Bank Centre. 수변 문화 공간 개발의 대표적 사례. 다양한 문화예술 시설과 상업 시설이 함께 위치함으로써 시너지를 유발하여 낙후된 지역 경제를 활성화함

▣ 2000년대 들어 런던시는 템스강 남쪽을 문화예술 중심지로 활성화하기 위해 밀레니엄 프로젝트 추진, 밀레니엄 프로젝트의 핵심지가 사우스 뱅크임

▣ 런던 아이, 테이트 모던 갤러리 랜드마크 조성, 강변을 세련된 카페, 상점, 산책로, 문화 및 휴식 공간 등 공공 공간으로 변화시킴

▣ 런던시 템스강 수변 공간은 과거에는 공간 기능상 재래식 공장, 선착장, 창고 야적장 및 발전소 등의 입지율이 비교적 높았으나 1943년 이후의 런던 계획에 의해 오픈 스페이스율을 9%대에서 30%대로 높인 것이 특징임

▣ 사우스 뱅크 지역은 제2차 세계대전으로 대부분 기존 시설이 파괴되었으며, 1851년 하이드 파크에서 개최되었던 백주년을 기념하기 위해 1951년, '페스티벌 오브 브리튼(Festival of Britain) 1951'을 개최한 이후 문화 공간으로 발전함

• 사우스 뱅크 안내도

2. 개발 경과

▣ 사우스 뱅크는 템스강의 넓은 부지를 의미함. 사우스 뱅크 전체의 재생을 위해 런던 개발과 연관된 협회와 전략적 협업 체제를 구축하여 지역 커뮤니티를 조성함

- 1995년 설립한 사우스 뱅크 파트너십을 중추로 정부, 민간, 자원 부문 등 다양한 협력 체제를 구축함. 구축된 기관과 단체는 각각 다른 목표가 있지만 템스강을 중심으로 지역에 기반한 재생, 커뮤니티 주도, 공공성 확보, 상권 확대 및 일자리 창출 등 공통된 목적을 공유함
- 건축가 릭마서가 마스터 플랜 수립, 개별 건물의 신축보다는 기존의 모습을 유지하면서 개발과 도시 정비 사업 추진

- 사우스 뱅크 지역의 커뮤니티 그룹은 파트너십을 맺은 기관과 공조해 시티 챌린지 보조금과 통합 재생 기금을 모금하고, 복권 기금 및 유럽 기금을 확보하여 진행

▣ 향후 사우스 뱅크는 보편적 재생 사업과는 달리 파트너십 구축이라는 협업 과정을 통해 지속적으로 지역경제 활성화와 발전의 원동력으로 추진

- 템스강 동편 사우스 뱅크 지구의 면적은 5만 8,410m^2(1만 7,700평)로 런던시 오피스, 문화 기능의 중심지 역할을 담당하고 있으며 이에 따라 전용 주거 지역으로도 수요가 많으며 런던 아이(회전 관람차)는 런던시의 새로운 랜드마크로 등장함

• 런던 아이

• 사우스 뱅크의 다양한 문화 축제

• 사우스 뱅크의 문화 축제

3. 수변 지역의 성공 조건

▣ 수변 지역의 보전과 활용은 물에 대한 접근성과 지속가능한 자연 및 사회 자원 공급의 용이성이 전제되어야 함. 최근 수변 지역이 과거 도시 문명 발전과 환경 보호의 중심지로 재조명되며 도시 발전과 지역의 경쟁력 상승을 위한 미래 성장 거점으로 발전하는 추세임. 따라서 고유의 역사 자원 문화 보전과 더불어 복합 공간(주거·상업·업무·문화·관광)과 연계되면 발전 가능성이 더욱 극대화될 것임

▣ 수변 도시의 대표적 성공 요건

① 수변 환경의 질 확보

② 도시 순기능으로서의 수변 환경 조성

③ 역사적 정체성으로서의 특성 부여

④ 복합적 기능 부여

⑤ 공공 접근성 확보 필수

⑥ 공공-민간 파트너십 강화로 인한 프로세스 가속화

⑦ 지속가능성을 위한 공공 참여 필수

⑧ 성공적인 수변 프로젝트를 위한 장기적 계획

⑨ 재활성화는 지속적인 논의 필수

⑩ 국제적인 협력 네트워킹을 통한 수변 개발 사업 이익 강화

• 사우스 뱅크 전경

4. 주요 건물

▣ 사우스 뱅크 센터는 1951년에 건축되었고 약 21ac의 면적을 자랑함. 런던 템스강 근처에 위치한 예술 관련 복합 시설

▣ 로열 페스티벌 홀, 퀸 엘리자베스 홀, 퍼셀 룸(Purcell Room), 헤이워드 갤러리 등 여러 공연장과 전시장이 있음

▣ 크리스마스를 제외한 대부분의 날들은 콘서트, 무용, 마임 등의 공연이 열리며 홀에서는 매년 1,000개 이상의 유료 프로그램이 개최됨

▣ 연간 300만 명 이상이 방문하며 로열 페스티벌 홀은 2,500석, 퀸 엘리자베스 홀 900석, 페셀 룸 365석 등으로 이루어짐

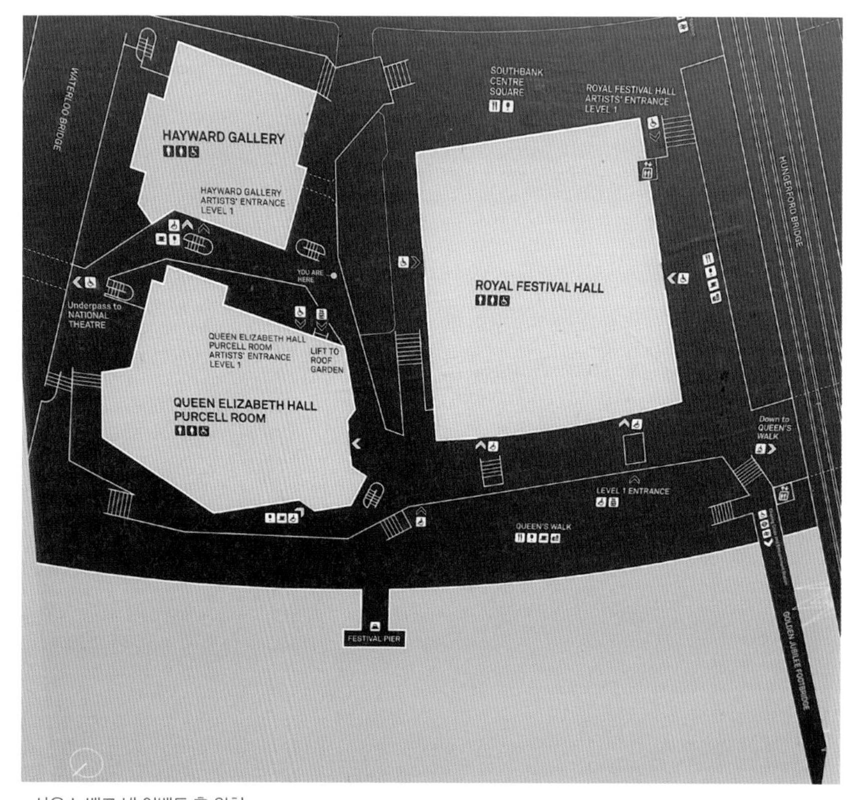

• 사우스 뱅크 내 이벤트 홀 위치

(1) 퀸 엘리자베스 홀

• 퀸 엘리자베스 홀

(2) 로열 페스티벌 홀

• 로열 페스티벌 홀

출처: southbankcentre.co.uk

(3) 헤이워드 갤러리

• 헤이워드 갤러리 전경

(4) 퍼셀 룸

출처: southbankcentre.co.uk

(5) 국가 시 도서관

출처: southbankcentre.co.uk

(6) 국립 극장

• 사우스 뱅크 국립 극장

(7) 사우스 뱅크 아카이브 스튜디오

출처: dezeen.com

5. 코인 스트리트

▣ 코인 스트리트(Coin Street) 개요

- 도심 낙후 지역을 커뮤니티 중심으로 재생한 사례. 부동산 임대 및 개발업을 주로 하는 커뮤니티 수익을 주민들을 위한 임대주택, 공원, 주민센터 등의 개발과 운영에 투자함
- 과거 선착장, 산업, 주택 지역이었으나 1970년대 인구가 5만 명에서 4,000명으로 감소하여 침체 및 슬럼화 지역으로 방치됨
- 대런던의회에서 호텔과 대규모 오피스 건설 계획을 수립하고 1974~1984년까지 10년간 코인 스트리트 커뮤니티 빌더스(Coin Street Community Builders ; CSCB)를 설립해 도시 재생 추진
- 대런던의회는 개발 업자들을 통해 코인 스트리트를 매입한 후 CSCB에 100만 파운드(약 17억 원)에 되팔았으며 대런던위원회 및 런던기업위원회가 자금 일부를 빌려 주었음

• 코인 스트리트 커뮤니티

▣ 코인 스트리트 개별 사업

① 베르니에 스페인 공원 정비

- CSCB는 템스강 연안의 보도와 베르니에 공원을 정비했으며 이곳은 공장 터와 오피스 빌딩이 있어 일반 시민들이 접근하기 어려운 공간
- 공원 정비로 시작해 주변 문화 복합 예술 지구인 로열 내셔널 시어터와 테이트 모던으로 이어지는 강가의 산책로를 정비함
- 황폐해진 가르비엘 부두를 공방, 레스토랑, 카페 등 시민들이 쉽게 찾을 수 있는 공간으로 재개발함과 동시에 주차장을 건설함

② 임대주택 공급

- 저소득층에게 시장 가격의 약 5분의 1 수준에 주택을 공급하고 있으며 주택을 지역 사회의 공동 재산으로 한다는 전제가 포함됨
- 5년 전대 계약으로 빌려 주며 주택조합이 개별 주택의 집세를 결정해서 징수, 수선 및 관리를 도맡아 함
- 밀버리 주택, 팜 하우징, 레드우드 주택 등 220호 이상의 주택을 공급함

• 베르니에 스페인 공원 출처: southbanklondon.com

③ 옥소타워 리모델링

- 20세기 초 발전소로 지어진 건물로 이후 식육가공회사의 공장으로 사용되다가 1970년 황폐화 및 노후화로 철거 직전이었음
- CSCB가 약 300억 원의 돈을 투자해 재생시켰으며 단순 주택 건물이 아닌 복합 단지로 리모델링함

• 옥소타워 리모델링 파트

- 1층, 2층은 공방, 카페, 전문 상가 등을 갖춘 상업 시설이며 3~7층은 레드우드 저택으로 사용되며 가장 최상층인 8층은 레스토랑과 전망대로 사용됨
- CSCB는 옥소 타워에서 나오는 임대 수입을 임대주택의 유지비 및 임대료 보조로 사용함

▣ 코인 스트리트 시사점

- 민간 개발자와 런던시가 추진하던 대규모 복합 지역 개발을 지역 주민 커뮤니티가 포기시키고 그것을 지역 자산으로 활용해 재생에 성공한 사례
- 영국 도시 재생의 대표적인 사례로 꼽을 수 있으며 주민이 주인이 되는 주택 협동조합 방식의 운영을 택함
- 사회적 기업의 가치 발현과 슬럼화된 지역의 재생으로 인한 경제적인 가치 창출, 복지 서비스 등 전반적인 삶의 질이 상승함

• 옥소 타워 전경

8. 더 샤드 타워

초고층 중심 건물 개발

1. 프로젝트 개요

▣ The Shard Tower. 유리의 파편이라고도 하며 이전에 런던 브리지(London Bridge)라 불리던 95층 초고층 복합 건물. 높이 309.6m로 영국에서 가장 높은 복합 건물임

▣ 이탈리아 건축가 렌초 피아노가 설계했으며 셀라(Sellar) 부동산 그룹이 개발하고 셀라사와 카타르 주정부가 공동 소유 중

▣ 빌딩 외관의 유리 조각 이미지는 빅토리아 시대 항구에 정박되어 있는 범선들의 돛을 내린 돛대의 모양에서 영감을 얻음

▣ 겉의 유리는 약 1만 2,000장으로 이루어져 있으며 준공식에는 앤드루 왕자와 카타르의 하마드 빈 지셈 알타니 수상 등이 참석함

▣ 24개 층의 업무 시설, 3개 층의 바 및 식당, 중간 부분에 호텔, 상부에 주거 시설이 있어 랜드마크적 이미지를 부각시킴

▣ 전망대를 운영하고 있으며 평상시에는 4~5km, 날씨가 좋으면 수십km까지 전망 가능한 것이 특징이며 입장료는 약 4만 3,000원 정도

• 샤드 타워 외관

출처: www.shutterstock.com

2. 개발 개요

▣ 1998년에 1970년 건축된 서더크 타워의 재개발 논의를 시작으로 2002년 7월 영국 정부의 재개발 승인이 남

▣ 건물 재원

구분	내용
건물 준공	2013년 02월
소유주	카타르 정부(95%), 셀라 부동산 그룹(5%)
시행사	셀라 부동산 그룹
엔지니어	WSP Global/Robert Bird Group
시공사	Mace

• 샤드 타워 내부

3. 주요 레이아웃

층	면적	용도
73~95		Spire
68~72	758m²	The Wiew from The Shard(observatory)
53~65	5,772m²	Residences
34~52		Shangri-La Hotel
31~33	5,945m²	Restaurants
28		South Hook Gas
27		Arma Partners
26	52,322m²	New State Corporation
24~25		The Office Group
19~23	52,322m²	Offices
18		Gallup
17		Warwick Business School and Foresight
16		Al Jazeera English and Al Jazeera UK London studio and offices
15		Mathys & Squire
14		Duff & Phelps
10~13	54,488m²	Offices including Robert Half and Protiviti
9		IO Oil and Gas
8	54,488m²	Offices
4~6	54,488m²	Clinic
3	54,488m²	Offices
1~2	6,036m²	Retail and office reception
Ground		Hotel, restaurant and observatory entrances

출처: 위키피디아

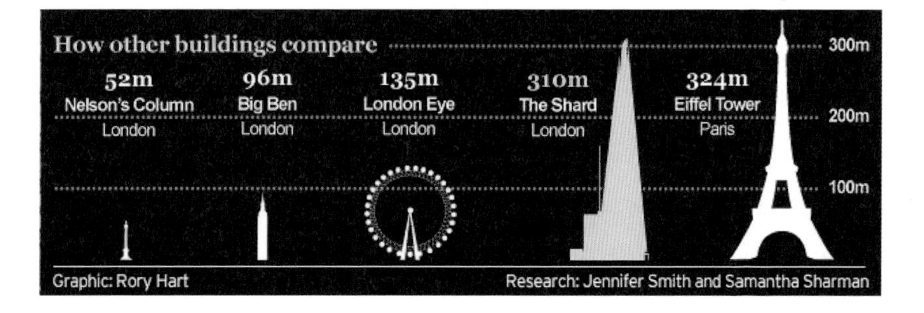

68~72층
전망대
53~65층
주거 주역(아파트)
34~52층
샹그릴라 호텔
31~33층
레스토랑
2~28층
사무 공간

9. 30 세인트 메리 엑스 빌딩

런던에 등장한 나선형의 마천루

1. 프로젝트 개요

▣ 30 St. Mary Axe Building. 런던에 환경 친화적으로 지은 최초의 빌딩. 빌딩의 형태가 오이지를 닮아 '거킨 빌딩(The Gherkin)'이라 불리기도 함

▣ 영국의 건축가 노먼 포스터가 설계했으며 위로 갈수록 전체적으로 좁고 뾰족해지는 형태는 주변의 일조권을 고려해 설계되었기 때문

▣ 빌딩의 높이는 약 180m 정도이며 2001년 시공하여 2003년 완공되었음

▣ 건물의 외벽은 5,500장의 유리로 구성됨. 공기역학적 기술을 적용하여 각 층마다 5°씩 돌아가 나선형을 이루어 최대한 신선한 공기가 들어올 수 있도록 했고 꼭대기 부분만 곡선 유리를 사용해 자연광을 최대한 이용함

▣ 현재 타워가 위치한 부지는 1903년 발틱 익스체인지라는 해운거래소가 위치했으나 1992년 아일랜드 해방군의 테러로 파괴된 후, 현재의 타워가 건축됨

▣ 건축 당시 건물에 대한 평가가 극과 극으로 나뉘었음. 기존의 런던은 고층 빌딩이 적고 대부분 박스형 건물로 이루어졌기 때문에 새로운 디자인과 고층 빌딩이 파격적이라는 긍정적 반응과, 역사적 도시라는 이미지를 가진 런던에 부합하지 않는다는 부정적 반응

2. 개발 개요

구분	내용
높이	180m
연면적	47,950m^2
소유주	J. Safra Sarasin Group(이전, Swiss Re)
건축가	Foster + Partners
시공사	Skanska

• 30 세인트 메리 엑스 빌딩 외관

10. 워키토키 타워

금융 중심부의 활성화

1. 프로젝트 개요

▣ The Walkie Talkie Tower, 20 펜처치 스트리트 빌딩(Fenchurch Street Building)이라고도 불리는 워키토키 타워는 런던 금융 중심부의 초고층 복합 건물로 무전기 모양처럼 생겨 워키토키 빌딩이라고도 함

▣ 1968년 25층 높이로 먼저 건축되었으며 2009년부터 2015년까지 다시 재건축해 현재의 모습을 하게 됨

▣ 현재 37층의 고층 건물로 매르켈 회사, 킬 그룹, RSA 그룹, 토키오 마리넬, 캐슬턴 시큐리티, 뱅퀴스 은행, DBRS와 같은 보험, 증권, 은행 등 금융회사들이 입주해 있으며 최상부 35~37층은 스카이 가든으로 꾸며 일반 시민에게 개방 중

▣ 템스강 런던 남쪽을 향해 기울어진 내부 공간과 시야가 런던 전체 풍경을 느낄 수 있게 해 주는 것이 특징

▣ 2015년 최악의 건물에 주는 '카벙클 컵(Carbuncle Cup)'을 받는 불명예를 안았는데, 이는 남측이 오목한 통유리로 되어 있어 햇볕을 받으면 집중되어 주변의 차를 녹이기로 악명 높기 때문

▣ 미국 건축가 라파엘 비놀리(Rafael Vinoly)가 건축했으며 미국 라스베이거스에서도 비슷한 형식의 설계를 해 같은 현상이 나타남

• 워키토키 빌딩 외관

2. 개발 개요

▣ 1968년에 25층, 91m로 최초 건축, 투자금융회사인 드레스드너 클레인워(Dresdner Kleinwor)사가 사용

구분	내용
건물 준공	2009년 1월 착공하여 2014년 4월 완공
높이	160m
면적	62,100m^2
소유주	카나리 워프 그룹 J/V
시행사	랜드 시큐리티, 카나리 워프 그룹
설계	라파엘 비놀리
엔지니어	할크로우 요렐(Halcrow Yolles)
시공사	Mace

3. 스카이 가든

▣ 37층 건물의 가장 최상부 3개(35~37) 층을 스카이 가든(Sky Garden)으로 시민에게 개방함

- 일반 시민들에게 개방되어 있는 공공 공간으로 완전한 정원의 느낌이라기보다는 3층 높이의 경사진 부분에 열대성 식물들을 심어 놓음
- 연속된 거대한 프레임, 런던의 풍광, 큰 공간감, 불룩 솟아오른 지붕 등 인위적인 건물 내에서 색다른 녹색 지대를 생성함

▣ 런던의 고층 건물들은 비숍게이트를 중심으로 클러스트를 이루는데 이 건물은 그 클러스트에서 벗어나 있어 계획안의 수용에 반발이 심했으며 2014년 기울어진 유리 입면에 반사된 태양빛이 인근 도로의 자동차 플라스틱을 녹여 주변 시민들이 반사광에 대한 불만과 불편함을 토로함

• 스카이 가든 내부 출처: skygarden.london

• 스카이 가든 행사 출처: skygarden.london

▣ 런던에서 가장 오피스 임대료가 비싼 지역에서 새로운 고층 건물의 최상위 층을 대중들에게 제공함

▣ 스카이 가든은 2주씩 나누어서 예약이 가능하며 출입 이전에 소지품을 검사하는 보안대가 있음. 스카이 가든 내에 간단한 음식점이 있어 가볍게 식사를 즐길 수 있음

11. 트루먼 브루어리

맥주 공장을 문화예술 중심지로

1. 프로젝트 개요

▣ Truman Brewery. 런던 동부 이스트 엔드(East End)에 위치한 낙후 지역으로 폐양조장 트루먼 브루어리(Truman Brewery)를 중심으로 조성된 문화예술 지구

▣ 18세기 최고 맥주 양조장이었으나 공장이 폐쇄함에 따라 인근 지역이 쇠퇴하고 이에 따라 동유럽, 인도, 방글라데시 등의 이주민이 거주하여 런던의 낙후 지역으로 전락함

▣ 1988년 폐업한 트루먼 브루어리를 1995년 제루프 파트너십(Zeloof Patner-ship)이 인수함. 다양한 문화예술 포트폴리오로 화가, 음악가, 건축가, 패션 디자이너 등 다양한 분야의 젊은 예술가들의 작업실 공간과 약 250여 개의 스튜디오와 갤러리, 디자인숍, 패션숍, 레스토랑, 카페, 사무실로 구성됨

※ 약 1만 명 이상의 작가들이 활동하는 창조 산업의 아지트. 대표적인 작가로는 런던 미술의 상징적 인물인 데미언 허스트(Damien Hirst)와 트레이시 에민(Tracey Emin) 등이 이곳 출신임. 또한 '런던 디자인 페스티벌(London Design Festival)'과 '인터내셔널 타투 컨벤션(International Tattoo Convention)'이 열리는 현대 예술의 중심지일 뿐만 아니라 '마돈나(Madonna)'의 의상 전시회(2009), '퀸(Queen)' 결성 40주년 전시회(2011) 등이 개최되는 세계 문화 명소로 자리 잡음

• 트루먼 브루어리

2. 트루먼 브루어리 역사

- 1666년 이스트 엔드의 중심인 브릭레인(Brick Lane)에 트루먼 브루어리 양조장 설립. 연간 20만 배럴의 맥주를 생산해 내는 런던 최대의 양조장
- 양조장 대표인 조셉 트루먼(Joseph Truman)의 이름에서 따온 트루먼 브루어리는 호황기에는 종업원만 1,000여 명에 이르렀음
- 양조장 주변에는 영국의 상징인 술집(pub)이 수백여 개나 밀집해 성업을 이루었으나 제2차 세계대전과 1960년대 이후 수입 맥주가 수입되면서 경영난을 겪다가 1988년 결국 폐업함
- 버려진 건물과 낙후된 환경으로 '브리티시 드림(British Dream)'을 찾아 건너온 유대인, 방글라데시 이민자들에겐 최고의 정착지로 슬림, 쇠퇴한 지역으로 전락

▣ 1995년 봉제, 의류 수출입업의 비전을 가진 유태인 이민자인 제루프 가족이 만든 제루프 파트너십이 인수

▣ 리모델링을 통한 상업 문화 시설의 환상적인 공간 개발 주도 전문 기획자를 초빙해 트루먼 브루어리를 창의적인 허브로 만들어 이스트 엔드의 기적을 이룸

• 트루먼 브루어리에서 생산된 맥주를 운송 중인 차량 출처: express.co.uk

3. 개발 개요

구분	내용
면적	45,000m^2
상점 수	약 250여 개의 스튜디오와 갤러리, 디자인숍, 패션숍, 레스토랑, 카페, 사무실 등이 밀집
소유주	제루프 파트너십

4. 개발 성공 요소

▣ 기존 공간의 최대 활용

- 브릭 레인이라는 지명에서 알 수 있듯 붉은 벽돌로 지어진 양조장은 용도가 폐기된 산업 유산임에도 불구하고 작가들의 스튜디오로 사용하기엔 더할 나위 없는 구조를 지녔기 때문에 문화예술 관련 작업실 공간으로 변신하기 쉬움
- 창문이 넓은 데다 천장이 높아 자연 채광을 활용하는 대형 전시나 이벤트 공간으로 인기가 높음

• 트루먼 브루어리 입구

▣ 장소성을 활용한 콘텐츠 활용

- 1950년대 구형 2층 버스를 개조한 버스 레스토랑과 각국의 풍물을 즐길 수 있는 선데이 마켓, 그리고 헌 옷의 재활용을 내건 공익 캠페인

※ 2012년 런던의 대형 의류업체인 마크 앤 스펜서(Marc & Spencer)는 구호 단체인 옥스팸(Oxfam)과 손잡고 트루먼 브루어리 건물 외벽에 영국에서 5분 동안 버려지는 헌 옷 9,513장을 전시함. 의류 재활용에 대한 관심을 불러 일으킨 이 프로젝트는 재생의 아이콘 트루먼 브루어리를 전국에 알리는 계기가 됨

- 방글라데시와 유대인들의 집단 거주지이다 보니 토속적인 공예품을 한자리에 모은 벼룩시장과 다문화 음식점 등 색다른 분위기
- 3,000명 이상의 아트 디자이너들에게 무료로 공간을 제공하며 무료 아트 쇼케이스를 제공하는 등 대부분 유럽 학교들의 졸업예술 작품전이 열림
- '쇼와핑(Shwopping)'은 대표적인 사례로 쇼핑(shopping)과 스와핑(swapping)의 합성어인 2층 버스를 리모델링한 레스토랑에서는 채소와 유기농을 판매하고 매주 일요일 문을 여는 선데이 마켓은 디자이너와 예술가들의 신상품을 직거래할 수 있는 벼룩시장으로 평균 140여 개의 좌판이 펼쳐짐

• 트루먼 브루어리 에일 마켓

▣ 벼룩시장 주변에는 에티오피아 커피에서부터 모로코 음식까지 수십여 개국의 음식을 맛볼 수 있는 먹거리 장터가 열림
▣ 다양한 포트폴리오의 공간 임대 방식
▣ 입주업체 중 '더 프리 레인지(The Free Range)'는 2001년부터 매년 예술대에 재학 중이거나 갓 졸업한 디자이너들의 작품을 전시했으며 이는 아트 페스티벌로 발전함

5. 문제점

- ▣ 트루먼 브루어리가 위치한 브릭 레인에는 가난한 이민자들이 많으며 약 9,000명의 이민자들이 살고 있음. 런던의 32개의 구 중 두 번째로 아동 빈곤율이 높은 구
- ▣ 2000년대 초반부터 나타난 브릭 레인 내의 커뮤니티는 다른 커뮤니티와 다르게 단절되고 독립되어 활발한 교류나 통합을 찾아보기 힘들다는 게 지적됨
- ▣ 젠트리피케이션의 문제가 대두되고 있으며 현재 많은 예술가들과 사람들이 나타남에 따라 브릭 레인이 포함된 인근 부근까지 땅값과 임대료가 상승하여 젊은 예술가들이 거주하기에 힘든 상황이 되고 있음

• 트루먼 브루어리 에일 야드

6. 이스트 엔드

▣ 1888년 8월 런던 시민들을 패닉으로 몰고 간 연쇄살인 사건이 발생한 지역이었으며 일명 '잭 더 리퍼(Jack The Ripper)'는 희대의 미스터리로 남아 있음

▣ 오랜 세월 방치되었던 뒷골목으로, 1980년대부터 이민자들과 젊은 예술가들이 인근의 쇼디치, 스트라트포드, 브릭 레인으로 이어지는 이곳에 값싼 임대료를 찾아 많이 오게 되었음

▣ 이후 다양한 문화들이 공존하며 많은 예술가들의 상상력을 통한 생명력을 부여받아 현재의 핫플레이스로 급부상할 수 있었음

• 이스트 엔드 쇼디치 거리

12. 스피탈필즈 재래시장

청과물 재래시장을 다양한 복합 이벤트 명소로 재생

1. 프로젝트 개요

▣ Spitalfields Market. 런던 스피탈필즈에 위치한 실내 재래시장으로, 1682년부터 청과물과 식료품 전문 시장으로 시작한 약 350년의 전통을 가진 시장이며 이러한 역사를 유지하면서 다양한 혁신으로 주말에 60만 명 이상이 방문해서 랜드마크화한 연중무휴의 상설 시장임

▣ 시장 상인들과 소비자들이 꼽는 최고의 랜드마크인 스피탈필즈 재래시장만의 특징인 '천장'은 거대한 통유리 벽의 외관과 하늘로 뻗은 웅장한 철골 기둥으로 이루어져 있고 이는 여느 시장과는 다른 독특한 환경을 제공함

• 스피탈필즈 재래시장 전경

▣ 요일마다 다른 콘셉트로 방문객들을 맞이하는 스피탈필즈 재래시장은 각종 유기농 채소와 과일, 의류, 생활용품을 파는 날, 오래된 가구를 내놓는 날, 젊은 패션 디자이너들이 참가하는 날, 아트마켓이 열려 회화, 사진, 팝아트 분야의 젊은 작가들이 자신의 작품을 매매하는 날 등 다양한 행사와 다채로운 경험으로 많은 사람들에게 사랑받고 있는 시장

• 스피탈필즈 재래시장 출처: dancinginhighheels.com

2. 개발 경과

구분	내용
대지 면적	$72{,}000m^2$
총개발 기간	2001~2008년
개발사	Hammerson(개발사) and City of London
투자 규모	약 4,000억 원(민간사모투자)
설계	Foster and Partners
특징	- 두 개의 새로운 공공과 상업용 공간 창조 가져옴 - 상업 공간, 주교 광장, 공공 예술 프로그램, 이벤트 프로그램, 레스토랑 음식 거리인 크리스핀 플레이스(Chrispin Place) 공동 개발 - 소유권 및 지배 구조 모델 - 개인이 소유하고 CBRE에 의해 운영

13. 스트랫퍼드 퀸 엘리자베스 올림픽 파크

폐건축물을 활용한 친환경 올림픽 경기장 공원

1. 프로젝트 개요

▣ Stratford Queen Elizabeth Olympic Park. 런던에 있는 재개발 지역 스트랫퍼드 시티에 인접해 있는 스포츠 복합 시설로 2012년 하계 올림픽과 패럴림픽에 사용됨

- 부지 내에는 선수촌 외에 올림픽 경기장 및 아쿠아틱스 센터를 비롯한 경기 시설이 있으며 올림픽 폐막 후 습지를 조성하고 토종 생물을 보존하는 도심 속 공원으로 재탄생함
- 2012년 여왕 엘리자베스 2세 즉위 60년을 기념하여 퀸 엘리자베스 올림픽 파크로 개칭

▣ 런던 올림픽 조직위원회는 올림픽 주경기장을 포함한 8개의 경기장을 모두 해체, 축소하여 지속가능한 활용을 하겠다고 선언했으며 이에 따라 올림픽 개최 전 올림픽 이후의 건축물, 인프라의 처리를 계획함

▣ 런던시, 중앙정부, 지방정부, 공공기관, 민간 단체, 영국 문화방송체육부, 지방정보부 등의 다양한 기관에서 협력 및 조정을 맡으며 도시 재생에 참여함

▣ 런던 올림픽 이후 올림픽 주경기장을 8만 석에서 2만 5,000석으로 줄였으며 수영 경기장이었던 아쿠아틱 센터를 주민 수영장으로 전환함

• 퀸 엘리자베스 올림픽 파크 전경 출처: 구글어스

2. 개발 개요

- EDAW 컨소시엄(EDAW Consortium)이 영국 엔지니어링 컨설턴트인 에이럽, WS 앳킨스(WS Atkins)와 협력하여 설계
- 아쿠아틱스 센터, 바스켓볼 아레나, 코퍼 박스, 벨로드롬, 올림픽 스타디움, 리버뱅크 아레나, 워터 폴로 아레나 등의 경기장들로 구성
- 영국에서 가장 규모가 큰 공공 예술품이자 전망대인 높이 114.5m의 아르셀로미탈 오빗(ArcelorMittal Orbit)이 위치함
- 올림픽 유산 마스터 플랜(Legacy Masterplan Framework)은 대회 개최 3년 전인 2009년부터 발표되었으며 이스트런던 공동체 발전에 영향을 끼침
- 켄 리빙스턴의 런던 정책 계획을 통해 런던 시민들에게 혜택을 최대화하려 했으며 동시에 올림픽 개최를 이용한 도시 재생을 추진하는 계기가 됨

3. 올림픽 파크 재활용

- ▣ 올림픽 파크의 도입지는 산업 폐기물과 제2차 세계대전의 잔재가 많이 남아 있던 곳인 만큼 5년 동안 토지 정화 작업을 시행했음. 이후 100ha의 녹지가 생성되고 4,000그루 이상의 나무와 30여만 개의 식물을 심음
- ▣ 올림픽 파크로 이어지는 30여 개의 교량이 신설되어 런던의 많은 사람들이 도보로 이동할 수 있어 접근성이 용이해짐
- ▣ 2013년 영국 프리미어리그 축구팀인 웨스트햄유나이티드 FC와의 계약을 통해 2016년 여름 시즌부터 99년간의 장기 임대를 통해 매년 250만 파운드(한화 37억 원)의 임대 비용을 받음
- ▣ 올림픽 파크 남쪽의 웨스트필드 쇼핑몰과 근접한 아르셀로미탈 오빗이 있는 곳은 가족 단위 방문객이 많으며 스포츠 경기장이 위치한 북쪽은 산책로와 자전거 도로가 잘 구비되어 있음
- ▣ 올림픽 기간 동안 2만 4,000명을 수용한 선수 숙소는 현재 11개 단지가 들어간 주거 단지로 바뀌어 2,818채의 가구가 있음
- ▣ 올림픽 파크 용도 변경 현황

번호	올림픽 이전	현재 용도
1	산업 유휴지	아쿠아 센터
2	산업 유휴지	오빗
3	산업 유휴지	주경기장, 공공 공간
4	상업	공공 공간, 에너지센터
5	상업, 공용지, 집시 거주지	미디어 센터, 쿠퍼 박스
6	공공 공간	벨로파크, 공공 공간
7	공공 공간	테니스, 하키 센터
8	철로	복합 공간
9	산업 유휴지	복합 개발
10	철로/녹지	공공 용지
11	공공 공간	헤크니 습지

4. 올림픽 파크 재생 효과

▣ 올림픽 파크가 재생된 지역인 해크니카운슬, 뉴햄카운슬의 복합 박탈 지표가 올림픽 재생 이전에 비해 각각 42%, 31%에서 17%, 8%로 감소함

▣ 올림픽 파크 주경기장이 위치한 이스트 엔드 중 스트랫퍼드 지역은 '국제 기차 정거장'을 가진 도시로 바뀌었으며 올림픽 파크답게 다양한 경기장의 등장으로 많은 관광객이 찾게 됨

▣ 올림픽 파크의 재생 사업은 2022년까지 이어졌으며 결과적으로 1만 개의 가구, 2개의 초등학교, 중학교, 9개의 어린이집, 3개의 헬스 센터가 들어섬

5. 지속가능한 도시에 대한 시사점

▣ 2012년 7월로 도시 재생에 대한 시한이 확실했으며 올림픽 개최라는 확실한 한계선이 있었기 때문에 도시 재생에 참여한 많은 이해관계자들의 거버넌스와 회의 등이 일사분란하게 진행될 수 있었음

▣ 보수당이 집권하며 대부분의 도시 재생 예산을 감축한 것에 비해 올림픽이라는 세계적 특수 이벤트로 인해 예산을 삭감하지 않아서 공공 재정 투자가 원활하게 이어질 수 있었음

▣ 올림픽 유치 이후 실제로 저소득 인구들의 삶의 증진에 대한 문제 및 이해관계자들의 지속적인 커뮤니티 및 커뮤니케이션이 활발하게 이루어져야 함

6. 올림픽 파크 시설

(1) 아쿠아틱스 센터(Aquatics Center)

구분	내용
완공	2011년 9월 완공
공사비	약 3,700억 원
설계	자하 하디드 아키텍트
엔지니어	Ove Arup & Partners
특징	- 50m의 경기용 메인 풀과 25m 규모의 다이빙 풀이 들어서 있으며 풀 내의 물 순환을 정지시켜 선수들에게 물 저항을 줄여 줌 - 첨단 기술이 적용된 최대 규모의 수영 경기장

• 아쿠아틱스 외관

• 지역 주민들이 이용하는 수영장 실내

(2) 쿠퍼 박스(Cooper Box) - 멀티 스포츠 공간

구분	내용
공사비	약 620억 원
설계	MAKE 아키텍트
엔지니어	Ove Arup & Partners
특징	올림픽 기간 동안 핸드볼과 펜싱 경기가 열렸으며 올림픽 이후 다양한 이벤트와 태권도 대회와 같은 국제 경기가 개최됨

• 쿠퍼 박스 외관*

(3) 벨로드롬(The Velodrome) - 자전거 센터

구분	내용
완공	2011년
공사비	약 1,500억 원
설계	홉킨스 아키텍트(Hopkins Architects), 그랜트 협회(Grant Associates)
엔지니어	익스퍼디션 엔지니어링(Expedition Engineering)
특징	케이블 망으로 지붕이 이루어져 있어 조명 없이 채광이 가능하게 했으며 2011년 스트럭츄얼 어워드의 구조 공학 부문에서 최우수상을 받음

• 벨로드롬 자전거 센터*

(4) 올림픽 스타디움(Olympic Stadium) - 다목적 주경기장

구분	내용
완공	2011년
공사비	약 6,800억 원
설계	포풀루스(Populous)
엔지니어	부로 하폴드(Buro Happold)
특징	- 2013년 영국 프리미어리그 축구팀인 웨스트햄유나이티드 FC와의 계약을 통해 2016년 여름 시즌부터 99년간의 장기 임대를 맡음 - 올림픽이 끝난 이후 경기장 자체를 분리해서 축소할 수 있도록 설계된 최초의 경기장

• 웨스트햄 유나이트 경기장으로 활용되는 올림픽 주경기장

(5) 아르셀로미탈 오빗(ArcelorMittal Orbit) - 관측탑

구분	내용
완공	2014년
공사비	300억 원
설계	아니시 카푸르(Anish Kapoor), Ushida Findlay Architects
엔지니어	에이럽
특징	복잡한 기하학적 구조를 가진 외형적 특징과 동시에 내부에는 미끄럼틀이 존재하여 관광객들이 타고 내려올 수 있는 액티비티를 제공함

• 아르셀로미탈 오르빗 관측탑 외관

14. 도클랜드 신도시 개발

쇠퇴한 조선소 항만 부지를 도시 경제 기반형 재개발 신도시로

1. 프로젝트 개요

▣ Dockland. 런던 도심부의 동쪽 템스 강변에 위치한 도클랜드는 18세기에 형성되어 런던의 관문으로 번영했으나 2차 세계대전 이후 영국이 경험한 급격한 산업 구조 및 경제 구조의 변화와 해상 운송 형태의 변화 등으로 쇠퇴한 지역을 국제 금융, 업무의 중심지로 성공적으로 개발한 도시 경제 기반형 재생 사업 우수 사례

▣ 제조업에서 서비스업으로의 경제 구조 변화, 템스강 하구에 신식 항구의 건설, 항공 수송의 발달 등은 도클랜드의 폐쇄를 가속하는 결과를 낳게 되었고, 그로 인한 다수의 실업자 발생과 대규모 산업 유휴지의 슬럼화라는 사회 문제를 야기함

▣ 기존 도심과 비슷한 규모의 면적에 인구는 5분의 1 이하로 감소했음. 도크(dock)가 도시의 기능을 상실한 이후 다양한 사회 문제가 발생하자 이를 해결하기 위해 도클랜드에 대한 재개발 필요성이 대두됨

▣ 1960년대 후반부터 시설의 노후와 수송 형태의 변화로 인한 도크들의 폐쇄로 지역 내 실업자의 급격한 증가를 해결해야 하는 문제 발생

▣ 런던 도심의 급격한 팽창으로 부족한 업무 시설과 주거 단지를 수용할 수 있는 신도시의 필요성이 대두되어 지역 경제 활성화 요구가 신도시의 개발을 촉진함

▣ 민간 투자 유치 활성화를 위한 기업 유도 조성 지구인 엔터프라이즈 존(Enterprise Zone)을 설정해 운영하여 금융, 정보 등의 중추 산업 기능뿐만 아니라 새로운 환경이나 위락, 레저, 상업 시설을 충실히 정비해 매력 있는 주거형 복합 도시를 형성함

개발 목적	업무·주거 시설을 수용할 수 있는 신도시 마련 및 지역 경제 활성화와 실업자 급증 해소
개발 주체	런던 도클랜드 개발공사(LDDC: London Docklands Development Corporation)
개발 기간	1981~2001년
토지 이용	오피스(36만 평)/상업(4만 평)/주거(1만 7,500호)/레저 오락(4개 지구 분산 배치)

▣ 거시적으로는 기술 혁신이 꾸준히 진행되면서 정보통신 기술과 같은 새로운 성장 산업이 부각되었고 영국과 같은 선진국은 전통적 제조업에서 첨단 서비스업 중심으로 산업 구조가 재편되었음

▣ 예를 들어 런던의 경우 1986년을 기준으로 제조업 고용이 전체의 15%에 불과한 반면 서비스업은 80%까지 증가했음

▣ 2차 대전 이후 일본, 한국과 같은 신흥 제조업 강국들이 부상하면서 영국의 전통적인 제조업 부문은 경쟁력을 더욱 상실함

▣ 미시적으로는 전통적 제조업 시대에 도클랜드가 가지고 있던 입지적 장점들이 더 이상 장점으로 활용되지 못하게 되었음

▣ 원료와 상품을 원활히 수송하는 데 기여하던 하천, 항만이 육로, 항로와 같은 운송 수단의 다변화, 물류의 대형화로 인해 경쟁적 우위를 상실하게 되었음

▣ 도심 인접 지역에 대형 공장 용지인 브라운필드(brownfield)가 방치되고 제조업 공장 노동자를 중심으로 실업 문제가 심각해지면서 사회 문제로 부각되었음

▣ 1975년에서 2000년까지 런던에서 80만 개의 제조업 일자리가 없어짐

▣ 도클랜드 재생은 기능을 상실한 브라운필드를 국제금융, 업무의 중심지로 성공적으로 재생한 사례로 볼 수 있음

▣ 도시재생특별법에서는 재생 사업의 유형을 근린 재생형과 도시 경제 기반형으로 분류하고 있음

▣ 도클랜드 재생 사례는 도시 경제 기반형 재생 사업에서 참고할 만한 우수 사례로 평가될 수 있음

▣ 고도 성장기에 제조업 중심의 도시로 성장한 공업 도시의 경우 창조 경제와 같은 21세기형 산업 구조로 재편되어야 도시의 지속가능성을 높일 수 있음

2. 사업 개발 배경

▣ 대형화된 화물선이 템스강을 거슬러 도클랜드까지 진입할 수 없게 되자 도클랜드는 항만 기능을 상실하게 되었음

- 1802년부터 1880년까지 개통된 10개의 도크는 1967년 이스트 인디아 도크(East India Dock)의 폐쇄를 시작으로 1981년 폐쇄된 로얄 도크(Royal Docks)를 마지막으로 전체가 폐쇄되었음

▣ 결과적으로 대량 실업 사태가 발생하고 런던 도심과 인접한 지역에 런던 도심 전체 크기와 유사한 22km²의 유휴지가 남게 됨

- 도클랜드의 고용자 수가 1960년 2만 5,000명에서 1981년에는 4,100명으로 감소했으며 해당 지역의 실업률이 21.4%까지 치솟았음
- 1961년에서 1981년 사이 상주 인구도 28%가 감소

▣ 낙후 지역의 대명사

- 방치된 공장 용지, 높을 것으로 예상되는 개발 비용, 열악하고 낙후된 교통 인프라, 기본적인 편의 시설의 부족 등으로 재생 사업의 성공 여부에 대해서 부정적인 인식이 상대적으로 강했음
- 런던 도심과 인접했다는 입지적인 장점에도 불구하고 교통 인프라를 통한 주변 지역과의 공간적 연계성 부족, 개발에 대한 경험과 전략의 부재, 성공 가능성에 대한 회의적인 시선 등으로 인해 사업 초기에는 어려움에 직면

출처: 위키피디아

3. 도클랜드 개발 공사의 설립과 재생 사업 경과

▣ 이러한 문제점을 극복하고 도클랜드 재생 사업을 성공적으로 추진하기 위해 1980년 대처 정부는 런던 도클랜드 개발공사법(London Docklands Development Corporation Order 1980)을 제정하고 런던 도클랜드 개발공사를 설립

▣ 1981년 도클랜드 개발공사는 5,100ac의 토지를 런던 도클랜드 개발 지역(London Docklands Development Area)으로 지정하고 조직이 해체된 1998년까지 17년간 도시 재생 사업을 추진했음

▣ 사업 지역의 구분: 도클랜드 도시 재생 사업은 4개 지역으로 나누어 진행되었음

① 아일 오브 도그스(Isle of dogs)

② 와핑(Wapping)과 라임하우스(Limehouse)

③ 로열 도크(Royal Docks)와 벡톤(Beckton)

④ 서리 도크(Surrey Docks)와 버몬지 리버사이드(Bermondsey Riverside)

▣ 아일 오브 도그스 개발 사업

- '개들의 섬'이라고 불리는 지역으로, 엘리자베스 1세 여왕의 사냥터로 사용된 데서 이름이 유래함. 도클랜드의 개발을 상징하는 지역이라는 위상을 가지고 있음
- 1967년 폐쇄된 이스트 인디아 도크(East India Dock), 1980년에 폐쇄된 웨스트 인디아 도크(West Indian Dock)와 밀월 도크(Millwall Dock)가 있는 지역으로서, 현재 런던 제2의 금융 중심지라 할 수 있는 카나리 워프(Canary Wharf)가 위치해 있는 지역임

▣ 미국과 영국에서 낙후 또는 쇠퇴한 도심을 재생시키기 위한 방법의 하나로 적용되고 있는 엔터프라이즈 존 지정 방식을 적용함

▣ 1982년 4월 1.96km²를 엔터프라이즈 존으로 지정해 1992년 6월 해제될 때까지 약 10년간 운영함

▣ 런던 도클랜드 개발공사는 공공 투자와 민간 투자 유치 사업을 통해 1.4km²의 지역을 제2의 금융 중심지로 조성했음

▣ 1987년 7월 런던 도클랜드 개발공사와 올림피아 앤드 요크(Olympia & York) 부동산 회사는 29ha를 대상으로 카나리 워프(Canary wharf) 개발조약을 체결하고 사업을 추진했으나 다음과 같은 다양한 요인이 작용하면서 파산하는 불운을 경험하기도 함

- 분양과 임대 시기인 1991년에서 1995년 사이 런던 상업 부동산 시장의 침체
- 런던시 금융 중심지와의 경쟁 구도
- 필요한 시기에 교통 인프라를 구축하고 연계시키지 못함
- 영국 기업을 입주시키는 데 실패
- 복잡한 재정 구조
- 올림피아 요크 부동산 개발 회사의 지나친 긍정적인 확신

▣ 성공적으로 완성 단계에 진입

- 런던 도클랜드 개발공사가 해체된 1998년을 기준으로 할 경우 41만 8,000m²의 사무 공간, 1만 9,500m²의 상업 공간 중 93%가 임대되었음
- 1999년부터 원 캐나다 광장(One Canada Square) 주변에 42층의 고층건물을 포함해 6개의 고층 건축물이 건설되었음

4. 도클랜드 개발 계획의 특성

▣ 토지 이용도는 크게 5개 지구로 구분하고 업무·상업, 주거, 첨단 산업, 레저 오락 4개 기능별로 구분해 분산 배치

- 도시의 각 기능의 조화를 가능케 한 교통 인프라 구축

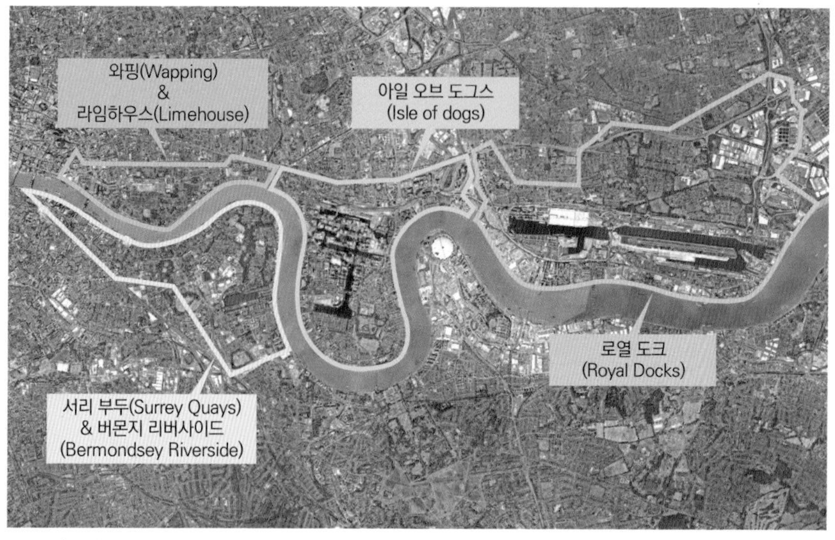

• 도클랜드 지도

출처: 구글어스

- LDDC(London Docklands Development Corporation)는 조직이 해체되기까지 135km의 도로와 철도를 건설했고 보수된 구간까지 합치면 144km에 이르

는 인프라를 구축했음

※ LDDC가 구축한 주요 교통 인프라

① Dockland Light Railway, ② Jubilee Line 연장, ③ The Lime house Link, ④ Dockland Highways, ⑤ River Bus Service, ⑥ North London Line 및 East London Line 연장, ⑦ London City Airport 등

- 정부 보조 및 토지 분양으로 조성된 17억 파운드의 상당 부분이 경전철, 도로 등 교통 시설에 집중 투입됨
- 대규모의 민자 유치가 어려움 없이 이루어질 수 있도록 인프라 역할을 함
- 도클랜드를 동서로 가로질러 런던 도심과 동쪽 끝 주거 지역인 백턴 지역을 잇는 경전철 건설
- 경전철을 이용해 곧바로 도심 진입이 가능하며 지하철(Underground)을 갈아타면 런던 시내 어디로든 쉽게 갈 수 있음
- 1987년에는 기업 활동을 지원하기 위해 국내노선은 물론 15개 유럽 지역 노선이 취항하는 공항까지 동 지역에 개설

※ TFL(Transport for London)

- 런던의 대중교통 서비스 경영 전략과 운영을 담당하는 시영공사
- 튜브(런던 지하철), 런던 시내버스, 도클랜드 경전철(DLR), 노면전차(Tram), 수운서비스 등의 운영 및 총 연장 580km의 주 도로와 4,600여 개의 신호등 전담
- 교통 혼잡 통행료 업무 등 이러한 관련 업무의 전담 운영 및 관리를 통해 TFL은 지하철, 버스, 경전철, 노면전차, 자전거, 택시가 함께 어우러지는 교통 연계 시스템에 각별한 관심을 기울여 추진하고 있음

▣ 지역의 특성에 맞는 개발 사업

- 도클랜드의 개발 대상 지역은 매우 광범위해 서리 도크, 와핑과 라임하우스, 아일 오브 도그스, 로열 도크의 4개 지역으로 구분되며, 각각의 지구에 맞는 계획이 수립되어 사업이 진행되었음
- 자족성 확보와 도시 내 각 기능의 완벽한 조화를 목표로 주거·레저·교육 시설을 균형 있게 조성
- 지역적인 특성에 맞춰 주거지 계획 및 개발
- 도심과 가까운 와핑과 버몬지 리버사이드 지역은 고풍스런 옛 멋을 그대로 살린 고급 주택 지역으로 개발

지구	규모	특징
서리 도크 (Surrey Docks)	82만 평	- 상업 시설(London Bridge City) - 복합 주거 시설, 식음/레저, 주택 등 해양 스포츠
와핑 (Wapping)	54만 평	- 세계무역센터, 타워 호텔 등 상업 지구 - 전통적 양식의 거리 및 건물, 상업 주거 지구 - 주요 시설: 런던 타워, 월드트레이드 센터, 타워 호텔, 대규모 안내소
아일 오브 도그스 (Isle of dogs)	59만 평	- 중심적 재개발 위치로 기업 유도 조성 지구(면세) - 국제 금융 센터 및 주변 공간 오락 시설 계획 - 다목적 체육관 - 호텔
로열 도크 (Royal Docks)	33만 평	- 런던 시티 공항을 개발해 유럽 각 도시와 연계 - 비즈니스 전시 센터, 사무실, 주거 시설 - 대학교 - 대규모 체육관, 전시관, 호텔·휴양 시설

- 업무 시설 밀집 지역인 아일 오브 도그스 지역은 강가의 전원주택 지역으로 개발
- 도심과 멀고 땅이 넓은 벡턴 지역은 중저가의 서민주택 지역으로 개발
- 1981년부터 지금까지 약 1만 9,900여 가구의 주택이 새로 건설되었으며, 단독주택과 빌라형 주택이 대부분으로 현재 주택 수는 3만 3,900여 가구
- 플라트(Flat)라고 불리는 4~5층의 공동주택과 10층 내외의 아파트도 건설되어 주로 서민용이나 극빈자를 위한 임대용으로 사용
- 전통의 가치와 수변 공간을 통한 개발
- 역사적 경관의 보존과 신규 개발의 조화를 추구
- 수변 공간을 적극적으로 활용해 증·개축을 통한 기존 건물의 보존을 위하여 노력했고 전통 건축의 디자인 요소를 접목시키려는 노력이 돋보임

▣ 자본의 유치와 산업

① 민자 유치와 유인책

- 1981년 이후 신도시 개발비 80억 파운드의 80%에 가까운 63억 파운드를 민간자본을 통해 확보
- 민간 자본의 유치를 위해 각종 민자 유인책을 만들어 기업에 제시

- 민자 유치 방식이 정부 재원의 한계를 극복하면서 도클랜드를 단시간 내에 국제적인 상업 도시로 거듭나게 할 수 있는 가장 유력한 방안이라고 판단함
- 중심 업무 및 상업 지역으로 설정된 도클랜드 아일 오브 도그스 내 카나리 워프 일대 6만 평(193ha)을 투자 지구(Enterprise Zone)로 지정해 각종 혜택을 제시함
- 토지를 매입해 빌딩 등을 건설할 경우, 건축 관련 세금을 감면하는 등 건축 비용을 절감했고 까다로운 건축 허가 절차를 간소화해 쉽게 건축물을 지을 수 있는 환경을 조성함
- 법인을 세워 기업 활동을 할 경우, 10년간(1982~1992년) 일종의 지방세인 사업세(business rates)를 면제하는 우대 조치

② 결과 및 현황

- 1981년 이후 지금까지 1,400여 개의 국내외 기업 이전
- 일자리 수도 1981년 2만 7,200개에서 현재는 7만여 개로 증가
- 네덜란드와 덴마크 관련 업체가 주택 건설에 중점적으로 참여 중이며, 기업들의 진출 확대를 통해 일자리를 늘리고 재정을 확충시킴으로써 도시의 자족 기능 활성화

5. 개발 성과

▣ 영국 환경교통지역부(Department of Environment, Transport and Region)에서는 런던 도클랜드 개발 공사가 해체되었던 1998년 도시 재생 사업의 성과를 7가지로 요약해 발표했음

① 도클랜드 지역의 토지, 주택, 상업 부동산 시장의 문제를 도시 재생 사업을 통해 완화시켰음

② 39억 파운드의 공공 투자가 이루어졌으며 절반에 해당하는 투자가 열악한 교통 인프라를 개선하기 위한 과감한 투자였음

- 낙후된 교통 인프라는 도클랜드 개발에 가장 결정적인 문제로 부각되었음
- 런던 도클랜드 개발 공사는 1981년부터 1998년 해체되기까지 135km²의 도로와 철도를 건설했으며 보수된 도로와 철도까지 포함할 경우 총면적은 144km²에 이름
- 도클랜드 경전철 노선(DLR: Dockland Light Railway)의 설치가 가장 중요한 역할을 담당함
- 1984년부터 공사가 시작되었으며 현재 런던시티공항(London City Airport)을 통과하는 선이 건설되어 운행되고 있음
- 도클랜드의 열악한 교통 인프라를 개선하기 위해 주빌리 지하철 노선(Jubilee Line)이 2000년부터 도클랜드까지 연장되어 개통되었음
- 도클랜드 경전철과 주빌리 지하철 노선의 교차점에 카나리 워프 환승역이 있으며 교통 중심지로서 역할을 수행
- 이외에도 1986년 고속도로 건설이 제안되어 런던 도심과 도클랜드 지역을 연결하기 위한 동서축의 고속도로가 만들어지고 템스강을 남북으로 연결하는 교량이 다수 건설되었음

③ 1998년까지 87억 파운드(6조 원)에 이르는 지속적인 민간 투자가 이루어졌음

④ 다양한 경제, 사회적 파급 효과를 유발한 것으로 평가

- 100만 파운드의 공공 투자를 기준으로 23개의 일자리, 8,500m²의 업무 공간, 주택 공급을 위한 경기 부양 효과를 유발
- 전체적으로 2만 4,000호의 주택과 8만 개의 일자리 창출 등

⑤ 지역 커뮤니티와 주민들에게 부분적인 혜택 제공

- 1998년 도클랜드 개발공사가 해체된 이후에도 재생 사업은 3개 지자체(Newham, Tower of Hamlet, Southwark)가 참여하는 지자체 단위의 사업과 중앙 정부 사업으로 추진된 템스 게이트웨이 프로젝트를 통해 지속적으로 진행되었음

⑥ 런던 시와 템스강 주변의 6개 자치구가 협력해 시 공항(City Airport) 주변에 있던 125만m²의 용도 폐기된 조선 시설(Royal Docks)을 엔터프라이즈 존으

로 지정해 재생하는 사업을 추진하기로 함

- 2011년 엔터프라이즈 존으로 지정되면서 지방세의 일종인 사업세를 5년간 감면받게 되었고 향후 25년간 지방정부와 기업체가 협력하는 지방 엔터프라이즈 협의체(Local Enterprise partnership)를 구성하기로 함

⑦ 협의체는 엔터프라이즈 존으로 지정된 지역을 대상으로 상호 협의를 통해 도로, 건축물, 시설물에 대한 투자 우선 순위를 결정할 수 있는 권한을 가짐

- 이러한 방식으로 유치된 기업들은 일자리 확대와 세수 증대를 통해 지역의 경제 발전에 기여하게 되고 확보된 세수는 지역 경제 발전을 위해 재투자되는 선순환 구조를 갖추게 됨

6. 사업 애로 사항

▣ 런던 도클랜드 개발공사가 민간 중심으로 운영되면서 개발에 따른 이익을 부동산 개발 업자가 거의 독점하고 지역 커뮤니티에는 실질적인 혜택이 부족했다는 시각

▣ 런던 도클랜드 개발공사가 대규모의 부동산 개발 사업에는 적합하나 침체된 지역의 일자리를 창출하거나 해당 지역 차원의 경제 문제를 해결하는 데에는 적합하지 않았다는 비판도 있음

▣ 도클랜드 지역의 부동산 개발에 치중하면서 지역 내 인적 자산을 적극적으로 활용하지 못했음

▣ 지자체와 커뮤니티의 경제 발전 계획, 도클랜드 지역과 주변 지역을 하나로 묶어 전략적으로 접근하는 도시계획 차원의 접근이 이루어지지 못했음

▣ 개발에 따른 경제 사회적 파급 효과를 분석한 결과, 일자리와 지역 경제에 미치는 효과가 당초 예상한 수준보다 크게 낮은 것으로 나타남

▣ 계획 수립의 초기 단계에는 토지 이용 계획과 교통 투자 계획의 불균형이 발생함

▣ 대규모 교통 인프라에 대한 투자가 선행되지 않아 경쟁 상대인 도심의 금융 지구보다 불리한 조건에서 출발했으며 이러한 문제는 차후에 개선됨

▣ 중앙정부 주도의 하향적인 방식으로 접근하면서 지방정부와 해당 커뮤니티의 이익을 충분히 대변하지 못했음

- 개발에 따른 혜택이 누구에게 돌아간 것인가에 대한 원초적 질문이 계속되고 있음

7. 개발 평가

▣ 런던 도심부는 역사 건축물이 밀집되어 있어 업무 공간을 대규모로 확장하기에는 구조적인 한계가 있었고 동쪽의 도클랜드 지역은 항만 기능을 수행하지 못하는 낙후 지역으로 변화되었음

▣ 도클랜드 개발은 1980년대 이후 영국 경제가 전통적 제조업에서 국제금융, 업무 중심의 고차 서비스 산업으로 변화하는 시대적 상황과 연관성이 깊은 성공적인 도시 경제 기반형 재생 사례라고 할 수 있음

▣ 런던 도클랜드 개발 공사가 초기에는 시행착오를 겪었지만 현재 시점에서 사업을 성공적으로 수행할 수 있었던 것은 다음과 같은 이유로 해석

① 낙후된 교통 인프라를 획기적으로 개선하기 위해 도로, 도시철도에 대해 공공의 과감한 선제적 투자가 이루어졌다는 것

② 도클랜드 개발공사가 해체된 1998년까지 총 87억 파운드에 달하는 국내외 민간 자본을 성공적으로 유치했다는 사실

③ 이를 통해 1.4km²를 제2의 금융 중심지로 조성했고, 시티은행, 로이터통신, HSBC 등의 글로벌 기업들이 입주해 있음

▣ 글로벌 시대에 경제 주도권을 둘러싸고 도시간 경쟁이 치열해지고 있음

▣ 런던은 유럽의 전통적인 강호(중심 도시)인 파리, 베를린 등과 함께 오랫동안 주도권 경쟁을 벌여 왔으며 유럽 공동체(EU)의 경제적 통합이 이루어진 이

후에는 유럽을 대표하는 경제 중심지라는 위상을 강화하기 위해 치열하게 경쟁해 왔음

▣ 런던시 정부는 영국 무역과 상업의 중심지였던 도클랜드를 21세기형 혁신과 비즈니스, 관광의 중심지로 육성함으로써 산업혁명의 발상지로서 과거의 영광을 재현하기 위한 준비를 하고 있음

- 아시아의 높은 경제 성장률로 인해 아시아의 중요성이 높아지자 런던에 유럽 본부를 유치하려는 노력이 구체화되었으며 아시안 비즈니스 파크(Asian Business Park)를 조성하는 등 적극적인 투자 유치에 나서고 있음
- 그 결과 중국 투자회사(China Minsheng Investment)로부터 10억 파운드 투자 의향서를 받기도 했음

▣ 도시 각 기능의 조화를 위한 교통망

① 정부 보조 및 토지 분양으로 조성된 17억 파운드 대부분이 교통 시설에 집중 투입

② 대규모의 민자 유치가 어려움 없이 이루어질 수 있도록 인프라 역할을 함

③ 도클랜드를 동서로 가로질러 런던 도심과 동쪽 끝 주거 지역인 벡턴 지역을 잇는 경전철 건설

④ 경전철을 이용해 도심 진입이 가능하며, 지하철을 통해 런던 어디로든 쉽게 갈 수 있음

⑤ 1987년에는 기업 활동을 지원하기 위해 국내 노선은 물론 15개 유럽 지역 노선이 취항하는 공항까지 건설

▣ 전통의 가치와 수변 공간을 통한 개발

① 역사적 경관의 보존과 신규 개발의 조화를 추구

② 기존 건물의 보존을 위해 노력했고 전통 건축의 디자인 요소를 접목시키려는 노력이 돋보임

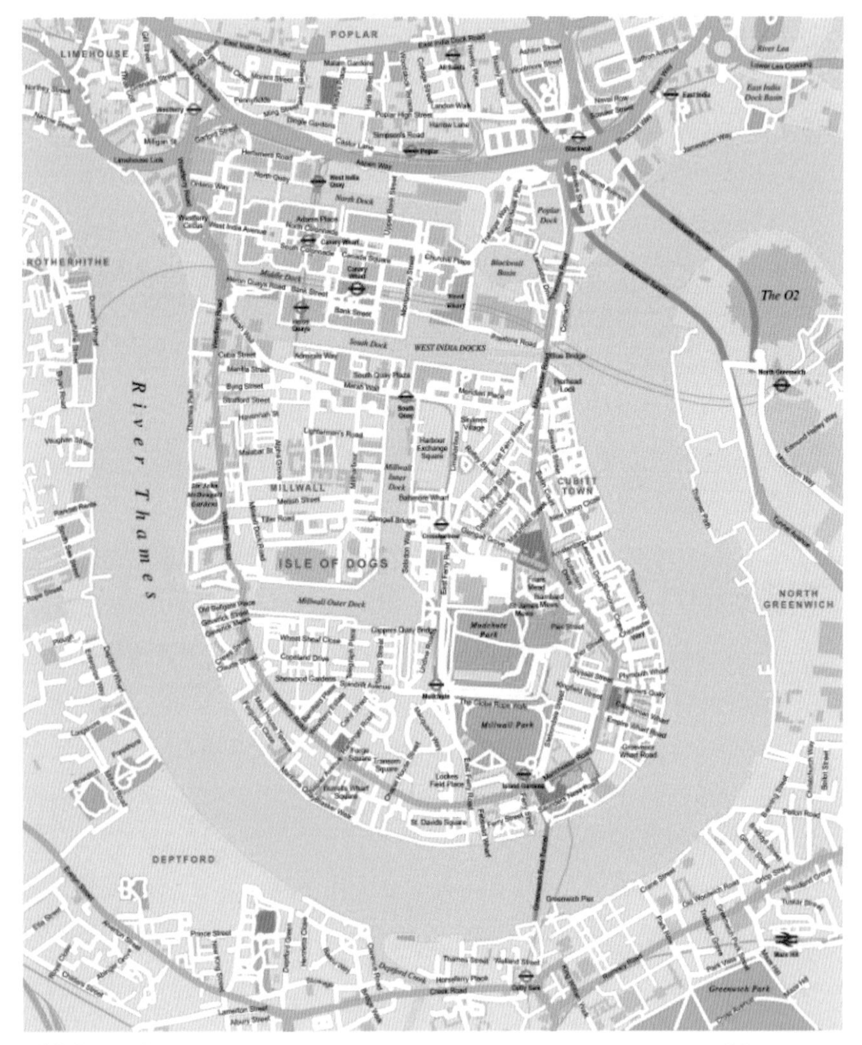

• 아일 오브 도그스 출처: maproom.net

15. 카나리 워프

도클랜드의 전략적 금융 중심 도시로 재개발

1. 프로젝트 개요

▣ Canary Wharf. 오랫동안 런던은 시티 오브 웨스트민스터(City of Westminster) 지역과 시티 오브 런던(City of London)의 두 지역으로 나뉨. 시티 오브 웨스트민스터는 국회의사당과 버킹엄 궁전을 중심으로 한 국가 권위와 정치의 중심이고, 시티 오브 런던은 세계 금융 및 보험 회사의 본사들이 밀집한 곳

▣ 20세기 후반부터 동쪽에 자리한 도클랜드의 카나리 워프가 개발되면서 이곳이 런던의 새로운 견제 중심으로 자리매김함

▣ 21세기 런던은 각기 다른 성향을 지닌 세 개의 중심을 가짐

• 카나리 워프 전경 출처: 구글어스

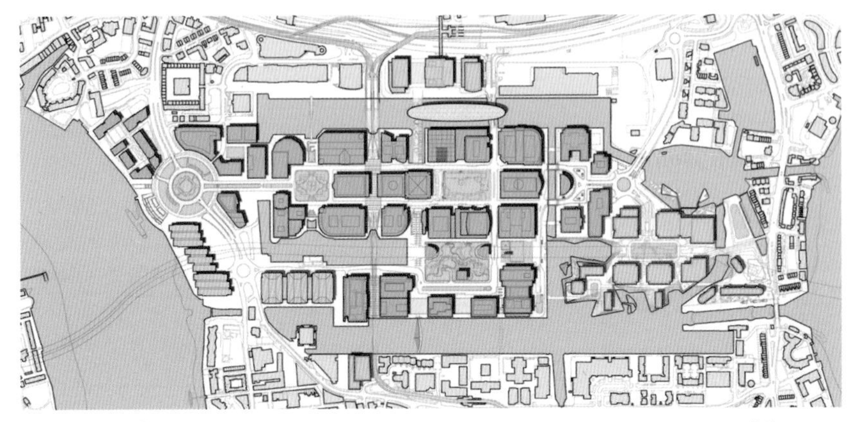

• 카나리 워프 계획도 출처: som.com

2. 개발 배경

▣ 1919년부터 센트럴 런던의 뱅크(Bank) 지역을 중심으로 런던 시내에는 전 세계 주요 금융 및 보험 산업의 본사들이 속속 들어섬

▣ 20세기 중반을 넘어서면서 늘어나는 인원을 수용할 업무 공간이 턱없이 부족했고, 런던 시내에 새로운 건물의 건립에 대한 강력한 요구가 대두됨

▣ 런던의 도시 구조를 파괴한다고 비난하는 보존론자들이 저항함

▣ 현실적으로 센트럴 런던 내에서 적절한 땅을 확보하는 것도 쉽지 않았음

▣ 이에 대한 정치적, 사회적 타협점으로 결정된 장소가 '카나리 워프'

- 카나리 워프가 위치한 도클랜드 지역은 한때 유럽에서 손꼽힐 정도로 활발했던 물류 산업 중심지였지만, 1980년에 문을 닫은 이후로 특별한 목적을 찾지 못한 채 방치됨
- 그러므로 기존 런던의 도시 콘텍스트를 훼손하지 않으면서 새로운 공간에 대한 요구를 수용할 수 있는 최적지로 여겨짐
- 장기적으로 볼 때 이 지역을 중심으로 템스강 동쪽의 개발이 런던의 지속적 발전을 위한 핵심이라는 주장도 충분한 설득력을 얻음

3. 개발 특성

▣ 도클랜드 개발 당시 가장 중요한 문제는 교통이었음. 도심과 연결된 경전철 사업을 정부가 승인해서 1986년에 경전철 사업이 시작되어 추가 확장 중이었고 도로와 지하철이 새로 연결되었음. 현재 88%가 대중교통을 이용하고 6%는 본인 차량을 이용하며 나머지는 오토바이, 자전거, 도보 등을 이용함

▣ 카나리 워프의 중심 업무 지구에서는 HSBC, 시티 그룹 등 66%가 금융 관련 업무를 하고 있으며, 언론, 신문, 잡지사 등이 입주 중임. 쇼핑가가 활성화되어 일주일에 약 50만 정도가 대중교통을 통해 쇼핑하러 찾아옴

▣ 카나리 워프 그룹의 자본 구성 중 정부 투자 지분은 없으며, 순수하게 민간자본으로 구성되었음(모건 스탠리가 75% 소유). 특히 미국과 캐나다 자본이 많이 들어와 이 지역을 카나리 스퀘어(Canary Square)라고 했으나 최근에는 아랍에미레이트 등 중동 자본이 많이 들어왔음

▣ 주된 성공 요인은 정부 차원에서 저렴한 토지 제공과 개발 허가가 제한되지 않는 엔터프라이즈 존의 지정 등으로 개발 사업자에게 토지 이용에 대한 총체적인 인센티브를 부여한 점과 접근성의 개선을 위해 사업자가 개발한 경전철 외에 지하철과 고속도로 개설 등이 이루어짐으로써 개발의 전환점을 갖게 된 것

4. 구성

▣ 카나리 워프는 여러 개의 건물 군으로 구성되지만, 세 개의 고층 건물로 대변됨

① 카나리 워프 타워(One Canada Square)

• 카나리 워프 타워 외관

② 홍콩·상하이 은행 타워(HSBC Tower)

• HSBC 타워 외관*

③ 시티 그룹 센터(Citygroup Centre)

• 시티 그룹 센터 외관

▣ 건물의 형태는 기능주의에 기초한 간결한 박스형 고층 건물
▣ 디자인만 본다면 기존 런던의 다른 지역에는 지을 수 없는 높이와 형태임에 틀림없음

5. 평가

(1) 긍정적 평가

▣ 경제적 측면의 가시적 성과에 기인함
- 기존의 센트럴 런던에서 감당할 수 없었던 대규모 사무 공간을 확보함으로써 런던의 금융 거래 규모, 새로운 일자리 개수 등은 가파른 상승 곡선을 그렸음. 한때 뉴욕에 크게 뒤떨어지기도 했지만 현재는 어깨를 나란히 하거나 우위에 있다는 평가까지 받고 있음. 카나리 워프가 없었다면 불가능한 일이었음에 틀림없음

▣ 카나리 워프는 금융 도시 런던의 상징성을 드러내는 강력한 이미지를 구축
- 거킨이 위치한 센트럴 런던의 뱅크 지역은 지난 반세기 동안 런던의 금융 및 보험 산업의 이미지를 대변했음
- 카나리 워프는 뱅크 지역보다 강한 이미지를 통해 21세기 런던의 정체성을 이어 가고 있음
- 실제로 위에서 언급한 세 개의 건물은 런던 시내의 여러 위치에서 쉽게 볼 수 있으며 특히 템스 강변에서는 어느 위치에서든 볼 수 있는데, 동쪽의 랜드스케이프를 압도하며 우뚝 서 있음

(2) 부정적 평가

▣ 카나리 워프의 이미지에 대한 부정적 평가
- 카나리 워프 타워, 홍콩 상하이 은행 타워, 시티 그룹 센터는 물론이고 카나리 워프에 지어진 여타 건물들은 기존 런던의 이미지와는 상당한 거리가 있

어서 뉴욕이나 시카고와 같은 미국의 대도시를 연상시킴
- 즉 런던이 지닌 고유한 이미지와 스카이라인을 심각하게 훼손한다고 볼 수 있음
- 특히 템스강을 사이에 두고 정면으로 세계문화유산인 그리니치를 마주하고 있다는 점에서 비판론자들의 주장이 매우 타당성 있는 것도 사실임
- 카나리 워프 내의 건물과 공간들은 소위 영국의 전통적 주거 및 도시 스타일과 거리가 멀며 대부분의 영국인들은 카나리 워프를 주거를 위한 장소라기보다는 단지 업무를 위한 장소로만 여김
- 켄 리빙스톤을 비롯해 개발을 적극적으로 지지하는 이들은 카나리 워프가 낳은 각종 데이터와 수치를 내보이며 성공을 역설하고, 나아가서 더욱 적극적인 개발의 당위성을 강조함
- 사회학자들은 "시민들이 카나리 워프를 진정으로 살 만한 곳으로 인식하지 않는 한 어떤 식의 숫자 놀음도 의미가 없다"고 일갈함

6. 결론

▣ 런던시에 따르면 카나리 워프의 사무용 공간은 현재의 2배가량 확장될 계획임

▣ 경제적 측면에서 카나리 워프는 대성공을 거두었음

▣ 앞서 지적한 바와 같이 카나리 워프는 상당수의 런던 사람들에게 사랑받지 못하고 있음

▣ 사회적으로는 성공했다고 볼 수 없으며, 진정으로 성공한 신도시로 평가하는 것 역시 아직은 시기상조임

▣ 런던시가 어떤 처방을 통해 카나리 워프를 명실공히 경제적, 사회적으로 성공한 신도시로 탈바꿈시킬 것인지 관심을 가지고 지켜볼 일임

16. 바비컨 센터

런던의 대표적인 복합 주거 예술 센터

1. 프로젝트 개요

▣ Barbican Center. 런던의 중심가에 있는 중심 상업 지구로 재개발을 통해 현재의 모습으로 재탄생한 지역

▣ 'Barbican'의 어원은 외세로부터 도시를 방위하기 위한 전망대로서 이 지구는 요새로서의 성벽이 가로지르는 과거 방위상의 요충지였으며 19세기 말에는 헝겊 무역이 발달해 직물 및 가죽 상인 등 다양한 상인들이 모여들었음

▣ 바비컨 지구의 재생 계획은 제2차 대전 후, 1947년 시작되어 상업 업무 중심의 재개발이 아닌 주거 기능이 복합된 재개발 계획으로서, 도심 공동화 현상을 막기 위한 복합 용도로 계획되어 10여 년의 개발과정을 통해 1959년에 완료

▣ 특징적인 것은 이전에 볼 수 없던 토지의 복합적이고 입체적인 이용과 다양한 기능을 연결하기 위해 지상 도로가 아닌 '공중 보도'를 설치해 블록 전체를 연결한 것

▣ 바비컨 센터는 런던의 복합 예술 센터로 유럽에서 가장 큰 규모이며 건축물 자체가 브루탈리즘(Brutalism) 형식으로 가공되지 않은 재료들과 콘크리트 자체의 노출이 특징

▣ 1963년부터 1982년까지 긴 공사와 재개발을 거쳐 전시, 연극, 영화 등 다양한 문화를 즐길 수 있게 되었음

2. 주요 용도

- ▣ 2,113가구의 아파트와 200명을 수용하는 기숙사, 시립 여학교, 단과대학, 극장, 콘서트 홀, 미술관, 도서관, 레스토랑, 공공 서비스 시설과 기존에 있던 시설을 원형 그대로 존치한 성 자일스 교회와 이발사 회관이 하나의 울타리 내에 존재함
- ▣ 6,500명이 생활하는 복합 공간인 만큼 내부에는 휴게 공원 및 다양한 형태의 공중 보도가 존재함(부지 면적은 25만m^2)
- ▣ 보도가 건물 내에 그리고 공중에 있는 관계로 처음 방문하는 사람들은 목적지를 찾기가 용이하지 않음
- ▣ 건물의 저층부에는 상가와 공원이 있고 상층부에는 아파트가 있으며 건너편의 자연환경을 보기 위해 조성한 필로티 구조 형식으로 되어 있음
- ▣ 바비컨 센터 내의 바비컨 홀은 런던 교향악단과 BBC 교향악단의 홈 공연장

• 바비컨 센터 출처: 구글어스

3. 복합 재개발의 결과

▣ 당시 근대 건축에서 동원할 수 있는 디자인 요소와 다양한 기술을 동원해서 복합 개발의 전형을 만들었으나 이러한 형태의 복합 개발이 영국에서는 다시 일어나지 않았으며 근대 건축의 실패라고 볼 수도 있음

▣ 브루탈리즘 양식의 대표적인 건물로 전통주의자들에 비판을 받았지만 2001년 영국 문화부가 2급 보존 건물(Grade 2 Listed)로 등록함

• 바비컨 센터 전경*

• 바비컨 온실

출처: barbican.org.uk

17. 테크 시티

첨단기술 기업들의 클러스터

1. 프로젝트 개요

▣ Tech City. 영국의 캐머런(Cameron) 정부에 의해 추진된 기술 창업 기업 클러스터로 런던 중심지에 위치해 있으며 현재 5,000개 이상의 기업들이 밀집해 있음. 이를 보고 '실리콘 라운드어바웃(Silicon Roundabout)'이라고도 함

▣ 쇼디치(Shoreditch)를 중심 지역으로 런던에서 올드 스트리트, 올림픽 파크에 이르는 지역에 걸쳐 있으며, 샌프란시스코, 뉴욕과 더불어 세 번째로 큰 창업 클러스터에 꼽힘

▣ 런던 왕립 대학과 시립 대학 등 런던에 위치한 다수의 대학들과 파트너십을 형성함

▣ 테크 시티에서 생성된 테크 관련 일자리가 영국 전역에 164만 개 있음

• 테크 시티 전경 출처: theguardian.com

2. 발전 과정

▣ 2008년경 테크 시티의 중심에 20여 개의 미디어 관련 하이테크 기업이 산재해 있었음

▣ 2010년 4월 데이비드 캐머런 총리가 중소기업을 중심으로 하는 하이테크 클러스터로 발전시키는 계획을 발표함

▣ 2011년 9월 구글이 올드 스트리트 라운드 어바웃 인근에 7층 빌딩을 매입했으며, 구글 캠퍼스 런던 지사로 전환

3. 지원 내용

▣ 퓨처 피프티(Future Fifty)

- 영국 내 성장성이 유망한 50개 기업을 집중 지원함

- 핀테크 기업, 하이테크 기업 등 다양한 기업들이 선정됨

▣ 테크 시티 유케이 클러스터 얼라이언스(Tech City UK Cluster Alliance)

- 영국 내의 기술 클러스터 간 정보 공유 및 교류 지원 프로그램

▣ IoT 런치패드(Launchpad)

- 100만 파운드(한화 약 15억 원)가량의 사물인터넷(IoT; Internet of Things) 창업 지원 프로그램

• 테크 시티 전체 지도 출처: weiyangandparterns.co.uk

▣ 디지털 비즈니스 아카데미(Digital Business Academy)

- 런던 대학, 케임브리지 대학 등의 경영 전문가들이 디지털 분야와 관련된 온라의 강의를 제공함

▣ 기타 정책

- 신규 창업 기업인 비자 제도 개선(New Enterpreneur Visa)을 통해 창업 기업인의 사업 아이디어와 투자 자금 확보가 완료된 경우 비자 발급
- 엔젤 투자에 대한 세수 혜택 및 기술 기업 주식 시장 상장 요건 완화
- 지적재산권 제도 개선을 통해 혁신 장려

18. 버틀러스 워프 피어

19세기 창고 지역을 복합 주거 및 상업 지역으로 재생

1. 프로젝트 개요

- ▣ Butler's Wharf pier. 런던 타워 브리지 동쪽, 템스강 남쪽에 위치한 지역으로 19세기 후반에 건설된 이 지역은 선적 부두와 초콜릿, 비스킷 공장 등 다목적 창고 단지였으나 20세기 중반에 이르러 강을 통한 무역이 쇠퇴하면서 방치되어 1980년부터 도시 재생 사업을 시작하여 고급 아파트, 레스토랑, 상업 공간으로 재생됨
- ▣ 찰스 디킨스의 소설 〈올리버 트위스트〉의 배경지이며 1963년부터 지금까지 방영 중인 영국의 유명 드라마 〈닥터 후(Doctor Who)〉의 촬영 장소로도 잘 알려져 있음

• 버틀러스 워프 피어 주변 전경 출처: www.waterview.co.uk

2. 역사와 도시 재생

(1) 초기 역사(19세기)

▣ 버틀러스 워프 피어는 19세기 제임스 톨리(James Tolley)와 다니엘 데일(Daniel Dale)이 설계하여 1873년에 완공된 부둣가 중 하나였는데 런던에서 가장 큰 창고 단지였음

▣ 런던 항구에서 하역된 후 이곳에 모든 차, 향신료, 말린 과일 등을 저장했으며 이로 인해 '런던의 식품 저장고'라고 불렸음

(2) 20세기 중후반

▣ 1960년대부터 컨테이너 선박이 너무 큰 나머지 강을 따라 올라갈 수 없는 문제로 큰 혼잡이 야기됐으며 이로 인한 해상 무역의 거점이 틸버리(Tilbury) 부두로 옮겨지게 되며 1972년 마지막 창고가 폐쇄됨

▣ 1975년부터 1978년까지 예술가였던 케빈 애서턴(Kevin Atherton)이 예술가 공간으로 잠시 활용하였으며 영국의 펑크록 밴드 엑스 레이 스펙스(X-Ray Spex)가 이곳에서 뮤직 비디오를 촬영하기도 함

▣ 1972년 마지막으로 상점이 문을 닫은 후 폐허가 되어 부동산 개발사인 타운 앤드 시티 프로퍼티스 그룹(Town and City Properties group)이 단순 창고 임대보다 예술가의 창작 공간이 좋다고 생각하고 예술가를 유치하여 아지트로 변신함

(3) 초기 재개발(1980년대)

▣ 1980년대 버틀러스 워프의 재개발은 세계적인 디자이너이면서 부동산 개발업자인 테렌스 콘란 경(Sir Terence Conran)에 의해 시작됨

▣ 그는 오래된 창고들을 고급 아파트, 레스토랑, 상업 공간으로 재생했으며 콘란은 르 퐁 드 라 투르(Le Pont de la Tour)와 칸티나 델 폰테(Cantina del Ponte)와 같은 고급 레스토랑을 직접 오픈하여 이 지역에 대한 관심과 투자를 유치

하는 데 큰 역할을 함

▣ 클로브 빌딩(Clove Building)의 개조는 앨리스(Allies)와 모리슨(Morrison)의 설계로 1990년에 완료했으며 티 트레이드 워프(Tea Trade Wharf)의 개조 역시 오셀 아키텍처(OSEL Architecture)의 설계로 이루어져 2003년 완공됨

• 19세기의 모습 그대로 보존하고 있는 버트러스 워프 전경

▣ 현재의 건물들은 노먼 포스터 경(Sir Norman Foster) 등 유명 건축가가 참여하여 벽돌 외관과 큰 창문 등 19세기 산업적 미학을 유지하였음

(4) 지속적인 개발(1990년대~2000년대)

▣ 주거 및 상업 개발

개발이 촉진되어 더 많은 주거 단지가 생성되어 카이엔 코트(Cayenne Court) 및 태머린드 코트(Tamarind Court) 등 고급 주거 공간이 형성됨

▣ 문화 및 공공 공간

미술관과 공공 공간이 포함되어 디자인 뮤지엄이 근처에 위치해 있다가 이후 켄싱턴으로 이전하면서 이 지역의 문화적 역할에 기여함

(5) 현재(2010년대~현재)

▣ 지속적인 인프라 개선 투자

버틀러스 워프는 지속적인 인프라 투자와 공공 공간 개선을 통해 계속 진화하고 있으며 보행자 경로 및 교통 연결의 개선이 중점적으로 이루어져 다른 지역과의 연결성을 강조함

3. 재생 의의

① 경제적 부흥

버틀러스 워프의 재생은 지역 경제를 크게 활성화시켰으며, 비즈니스, 주민, 관광객을 끌어 유치하며 식사, 생활, 여가를 위한 주요 장소로 변모함

② 커뮤니티 활성화

재생 프로젝트는 커뮤니티를 활성화시켜 방치된 산업 지역을 활기차고 매력적인 동네로 탈바꿈시켰으며 이는 지역의 역사적 특성을 보존하면서 현대적인 개발을 잘 융화함

③ 문화 중심지

버틀러스 워프는 미술관, 레스토랑, 타워 브리지와 샤드 같은 랜드마크와의 근접성으로 인해 문화 중심지로 자리매김을 하면서 전략적 개발이 역사적 보존과 현대적 생활을 어떻게 조화시킬 수 있는지를 보여 주는 성공적인 사례임

• 템스강과 버틀러스 워프 주거 및 보행로

19. 닐스 야드

지역 공동체가 이끄는 골목 도시 재생

1. 프로젝트 개요

▣ Neal's Yard. 런던의 중심부인 코벤트 가든(Covent Garden) 근처에 위치한 작은 보행자 거리로 1970년대까지는 낡고 방치된 공간들을 지역 주민들과 협력하여 다양한 소규모 상점과 서비스를 유치하고 아름다운 골목길을 만들어 지역 경제를 활성화한 소규모 도시 재생 사례

• 닐스 야드 전경 출처: bestvenues.london

▣ 기존의 좁은 골목길을 일반 거리에서는 찾아보기 힘든 화사한 파스텔 색의 외벽과 벽화로 꾸미고 그곳에 유기농 식품점, 카페, 대체 치료 센터와 소규모 예술 및 공예 가게들이 들어서면서 상업적 및 문화적으로 활성화되어 런던의 또 다른 명소가 됨

2. 재생 의의

▣ 1976년, 자연 건강 운동가인 니컬러스 손더스(Nicholas Saunders)가 닐스 야드의 재생을 시작하였으며 건강식품 가게와 대체 의학 센터를 열어 이 지역의 변화를 이끌기 시작함

▣ 닐스 야드의 재생은 지역 커뮤니티의 적극적인 참여와 협력을 통해 이루어졌으며 젊은 창업자들과 예술가들에게 매력적인 장소가 되어 창의성과 혁신이 넘치는 공간으로 변모하였음

▣ 많은 상점들이 친환경 제품을 판매하고 있으며 지속 가능한 라이프 스타일을 장려하며 음악 공연, 예술 전시회, 워크숍 등 다양한 이벤트가 열려 지역 커뮤니티의 활력을 더함

▣ 쇠퇴한 작은 공간이지만 지역 주민들과의 협력, 친환경적 접근, 그리고 상업 및 문화의 활성화로 도시 재생의 대표적 모범 사례임

• 닐스 야드의 천연화장품 상점 출처: www.timeout.com

20. 원 블랙프라이어스

사우스 뱅크 지역 내 럭셔리 주상복합 건물

1. 프로젝트 개요

▣ One Blackfriars. 런던 뱅크사이드에 위치한 원 블랙프라이어스는 최고 높이 170m의 52층 고층 타워와 6층과 4층 규모를 가진 2개의 상업용 건물로 구성되어 있으며 주거용 아파트, 161개의 객실을 갖춘 호텔 및 소매점으로 이용되고 있음

▣ 총 274채의 주거 시설은 모두 템스강을 전망으로 하며 바닥에서 천장까지 이어지는 창문은 낮에는 높은 채광률을 자랑하고, 밤에는 아름다운 런던 시내의 야경을 감상할 수 있으며 개방감을 부여해 줌

▣ 주거와 상업이 조화롭게 공존하는 원 블랙프라이어스는 휘트니스 시설, 레크리에이션 공간, 수영장, 공동 정원 또는 옥상 테라스, 도서관과 스터디룸 등 주민들에게 다양한 여가 시설을 제공하고 있음

• 원 블랙프라이어스 전경

21. 아우터넷 런던

세계 최대의 고해상도 LED 스크린 몰입형 엔터테인먼트 공간

1. 프로젝트 개요

- ▣ Outernet London. 2022년 런던 웨스트 엔드에 개장한 세계 최대 LED 스크린 배치를 갖춘 유럽 최대 규모의 디지털 전시 공간으로 2023년《더 타임스》에서 '런던에서 가장 많이 방문한 관광 명소'로 선정됨
- ▣ 역사적으로 음악적 유산이 유명했던 소호의 덴마크 스트리트 지역과 토트넘 코트 로드 지하철역 근처에 위치한 이 복합 개발은 4개의 새로운 건물로 구성되고 기존의 역사적 건물들을 보존하며 새롭게 재생하여 호텔을 포함한 리테일, 레저 및 엔터테인먼트 공간과 오피스로 구성됨
- ▣ 나우 빌딩(Now Building)은 4층 규모로 되어 있으며 대화형 기능을 갖춘 랩어라운드 LED 스크린을 통해 생명력을 넣어 주는 스토리텔링 방식으로 방송되고 있음
- ▣ AI 증강현실을 비롯한 예술 프로그램과 광고 캠페인을 선보이고 있으며 LED로 만들어진 터널과 2,000명을 수용할 수 있는 지하 공연장과 250명을 수용할 수 있는 음악 공연장, 콘텐츠 샘플링 공간 등 다양한 장소를 제공하고 있으며 샤토 덴마크라는 호텔도 운영 중임

• 아우터넷 런던 외관

사진출처: www.designdb.com

• 아우터넷 런던의 행사

• 아우터넷 런던에서 주최하는 스토리텔링 행사

22. 파터노스터 광장

폭격으로 황폐해진 광장을 금융의 중심지로

1. 프로젝트 개요

▣ Paternoster Squre. 제2차 세계대전 당시 공중 폭격을 받은 장소를 금융 및 쇼핑 중심가이면서 동시에 광장으로 재개발한 곳

▣ 2003년 1만 7,000m²의 광장을 재개발한 복합 공간으로 현재 골드만삭스, 런던증권 거래소, 메릴린치의 유럽 본사가 위치하고 있음

▣ 세인트 폴 대성당의 그림자에 가려 항상 어둡고 침침하던 장소를 업무 공간과 상업 시설의 개발을 통해 밝은 장소로 재생시킨 광장

▣ 세계대전 이후 폐허가 된 자리에 15층의 고층 건물들이 세워졌으나 근방의 세인트 폴 대성당을 가린다는 문제 제기로 인해 대성당을 볼 수 있는 시야를 가리지 않는 선에서 도심 재생을 진행함

▣ 당시 고층 건물을 모두 철거하는 것에 대해 반발이 있었으나 장기 비전 제시와 50년간의 장기 임대 수익률에 대한 비전을 통해 건물주의 자발적 철거 참여를 이루어 내었으며 철거를 원하지 않는 건물은 시에서 직접 매입함

▣ 1987년 재개발 공모전에서 에이럽(Arup)이 우승했지만 일관성없는 디자인으로 인해 1990년 찰스 황태자의 지원을 받은 존 심슨(John Simpson)의 고전적인 디자인이 재개발 아이디어로 당선됨

▣ 파터노스터 광장의 대부분을 세인트 폴 성당의 모습처럼 벽돌과 돌로 지었으며 새로운 건축물에도 전통적인 건축 요소를 포함해 전체적인 조화를 나타냄

2. 위치

▣ Paternoster Row, London EC4M 7DX

• 파터노스터 광장

3. 개발 개념

▣ 주변 전통적 요소들을 최대한 조화시킨 광장. 인프라가 한 곳으로 집중 관리될 수 있도록 디자인해 각 건물들의 모든 차량 접근은 지하를 통해서만 가능함

▣ 세인트 폴 성당의 마당과 연결되는 파터노스터 광장은 새로이 들어선 상점, 식당들과 함께 직장인과 방문객에게 매연 없는(CO_2-free) 쾌적한 환경 제공

▣ 파터노스터 광장 이름은 광장이 위치한 곳 이름이 파터노스터 로우(Row)였던 데서 유래함. 이곳은 세인트 폴 성당의 수도사들이 줄을 지어 걸으며 기도하는 거리였음

4. 개발 경과

▣ 개발 시행사: 미쓰비시 부동산 그룹(Mitsubishi Estate Co)

▣ 마스터 플랜: 윌리엄 휫필드(William Whitfield)/휫필드 파트너(Whitfield Partners) 건축사

▣ 대지 면적: 1만 7,000m^2

▣ 연면 적: 9만 9,000m^2(6개 빌딩 오피스텔, 오피스, 상가)

▣ 총 개발 기간: 1993~2003년

- 1993년 개발인허가 취득
- 1995년 미쓰비시 부동산 그룹 100% 지분 매입
- 1999년 최종 개발 계획 승인
- 2000~2003년 공사

※ 개발 초기 공사 전 주요 입주자(Key Tenants)들에 대한 20~25년 장기 임대 계약 등으로 성공적인 자금 조달과 안정적인 수익 구조 마련

※ 공공 건물의 디자인을 향상시키기 위해 PFI(The Private Finance Initiative) 도입. PIF는 민간 자본을 활용해 공공 시설을 확충하기 위한 제도로 관은 계획 및 관리 기능만 주도하고 디자인과 건설 등 실제적 측면은 최대한 민간이 책임지는 방식

• 파터노스터 광장의 조각상

5. 주요 명소

1) 파터노스터 광장 냉각탑(VENTS) 문화시설 재생 공공 공간 조성

▣ 예술가 토마스 헤더윅(Thomas Heatherwick)이 디자인한 11m 높이의 두 개의 냉각탑이며 '거대한 천상의 날개'라는 별명을 가짐

▣ 63개의 스테인리스 스틸 조각들로 제작된 조형물

▣ 두 개로 나눔으로써 냉각이라는 기능적인 부분도 해결하고 중간에 통로를 만들어 동선의 원활함도 살려 설치미술로서의 가치를 더한 사례로 도시 설계를 위한 좋은 사례

▣ 기계설비를 재배치하여 구조물의 표면적을 줄이고 여유 공간을 공공 공간으로 활용

• 파터노스터 광장의 냉각탑

2) 파터노스터 광장 기둥(The Paternoster Column)

▣ 도리아 혹은 이오니아식의 다른 그리스 전통 건축과 분류되는 하나의 양식으로서 코린트식 기둥으로 휫필드 파트너스(Whitfield Partners)의 예술가가 제작

▣ 환기 시스템의 기능을 가지고 공공 예술 건물로 승화함

• 파터노스터 광장 기둥

5

런던의 주요 명소

1. 영국 박물관

세계 3대 박물관이자 영국 최대의 국립 박물관

1. 개요

▣ The British Museum. 1753년 설립된 이래 260년 이상의 역사를 지닌 세계 최초의 박물관

▣ 건물은 44개의 이오니아식 원주가 받치고 있는 그리스 식의 독특한 외관을 지님

• 영국 박물관 전경 출처: britishmuseum.org

▣ 골동품 수집가였던 한스 슬론(Hans Sloane) 경이 남긴 컬렉션과 로버트 코튼 경의 도서관 및 로버트 할리(Robert Harley) 백작의 원서들을 소장하기 위해 의회의 승인하에 설립됨

▣ 예술적 성향의 작품보다는 인류 역사상 인간에 의해 만들어진 다양한 창조품들을 전시하는 박물관이며 약 600만 점 이상의 소장품이 있음

▣ 영국 박물관의 구성

- 대분류로 박물관, 미술관 및 도서관으로 구성됨
- 박물관은 고대 근동 지방, 이슬람 문화, 아프리카, 이집트 등 다양한 시대와 국가로 구분되며 도서관의 자료는 현재까지 영국 공공 도서관의 일환으로 같은 자리에 보관

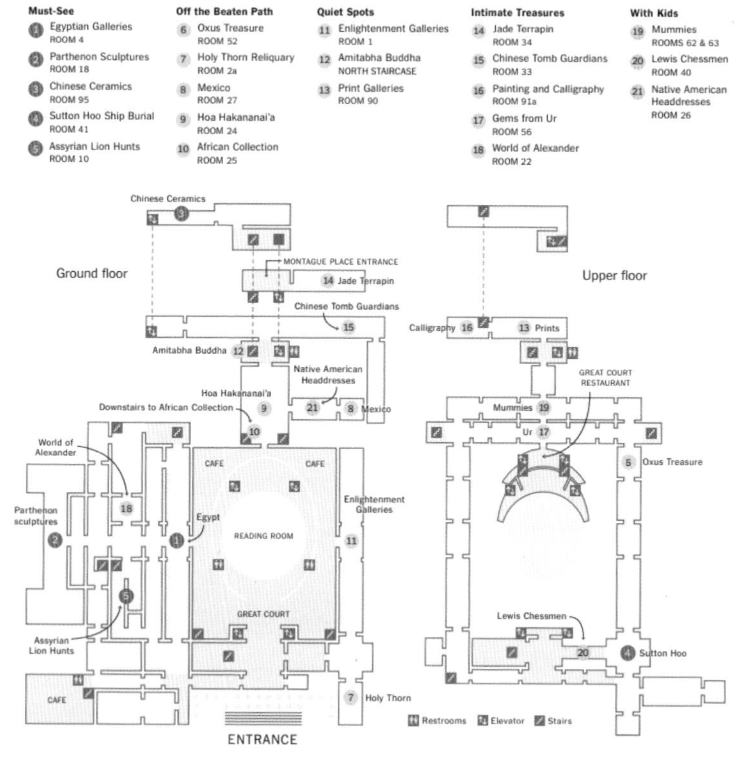

• 영국 박물관 지도

출처: The New York Times

2. 주요 유물

(1) 로제타 스톤

출처: britishmuseum.org

- 로제타는 나일 강변에서 발견된 것으로 영국 박물관에서 역사적인 가치가 높음
- 고대 이집트의 상형 문자를 해석하는 열쇠가 되었던 돌
- 고대 이집트 상형 문자, 민간 문자 그리고 고대 그리스 문자로 제작된 로제타 스톤은 이집트 문화를 연구하는 결정적 계기가 됨

(2) 파르테논 신전

• 파르테논 신전의 페디먼트 조각 출처: britishmuseum.org

- 엘진 경이 콘스탄티노플의 대사로 근무할 당시 고대 그리스 유물이 파괴되는 것을 걱정해 예술가들과 건축가들로 구성된 조사단으로 하여금 남아 있는 유물들을 기록하도록 함
- 그 이후 관청으로부터 대리석 조각들을 옮길 수 있는 허가를 받아 영국으로 보냄

(3) 람세스 2세 석상

• 람세스 2세 조각상 출처: britishmuseum.org

- 이집트에 주재하던 헨리 솔트(Henry Salt) 총영사가 대행 업자인 조반니 벨초니(Giovanni Belzoni)의 도움으로 수많은 문화재를 수집함
- 이 중 1823년도 영국 박물관이 구입한 이집트 국왕이 아멘호테프(Amenhotep) 3세이고, 람세스(Ramesses) 2세는 이후 기증받음
- 성경에 나오는 파라오이기도 한 람세스 2세는 모세의 배다른 형제이며 강력했던 국왕이었음

(4) 아시리아와 바빌로니아 유물

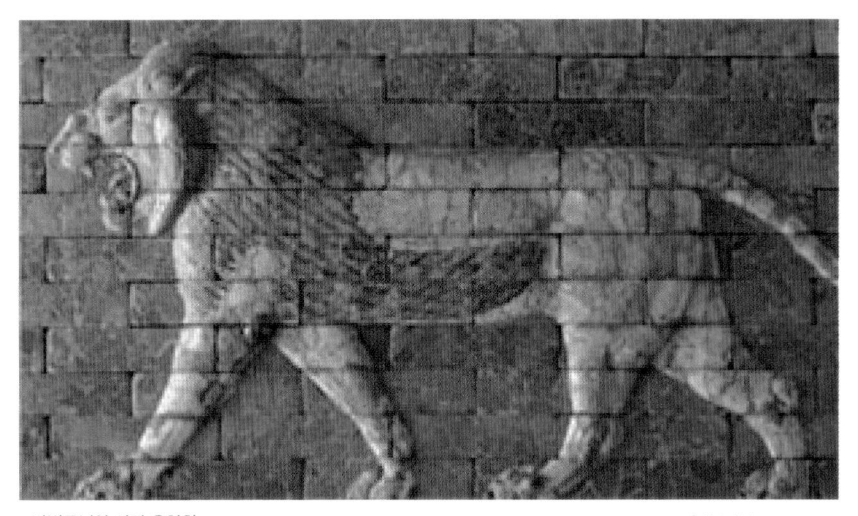

• 바빌로니아 사자 유약화 출처: britishmuseum.org

- 성경에 나오는 지역에 대한 고고학의 인기가 높아지면서 수집 활동은 중동 지방까지 확대되었음
- 1811~1820년 사이에 바그다드에 거주한 클라우디아 리치는 티그리스강 주변의 평원에서 발견된 많은 유물들을 영국으로 옮겼고 이것이 바빌로니아 유물의 기초가 됨

3. 주요 사항

▣ 박물관의 변천 과정 및 연구 기능

① 변천 과정

- 초기 박물관의 수집 경향을 보면 세계 일주, 항해 등 다양하게 모은 수집품을 비롯한 자연사 표본이 선호됨
- 당시 영국인들은 신세계 발견 및 고대 세계 발굴을 위해 항해함
- 19세기 초, 초창기 박물관의 전신이었던 몬태규 하우스(Mpmtagu House)가 비좁아짐에 따라 자연사 수집품들과 도서관은 사우스 켄싱턴 지역에 자연사 박물관으로 독립함

② 연구 기능

- 영국 박물관은 유물의 발굴뿐만 아니라 유물의 보존, 그 유물을 연구하고 기록하며 전 세계 학자들과 서로의 정보를 교류함
- 영국 박물관은 동전 및 메달, 그리스 및 로마 시대 유물, 인쇄 및 그림 등 다양한 분야로 10개의 부서로 나누어짐
- 전 세계로 파견 나간 직원들은 현재도 유물 발굴 작업을 하고 있음

▣ 한국실

- 정식 명칭은 'The Korean Foundation Gallery'로 2000년 11월에 개관했으며 박물관 내 에드워드 7세 건물 3층에 위치하고 120평의 크기에 3,200여 점의 한국 유물 및 미술품을 보관하고 있음
- 한국측 지원 현황을 보면 국제 교류 재단의 한국실 설치비 지원(120만 파운드), 한빛문화재단의 한국 유물 구입 경비(100만 파운드) 외에 삼성문화재단의 '97년 한국 특별전 지원(6만 8,000파운드)'이 있었음
- 주요 전시품으로는 〈만월꽃병〉(조선시대), 〈상감찰기불교경전상자〉(고려 13세기), 운현궁 노안당을 모델로 한 사랑채 일부가 있음

2. 디자인 뮤지엄

제품, 산업, 그래픽, 패션 및 건축 디자인 전문 박물관

- ▣ Design Museum. 테렌스 콘란(Terence Conran) 경이 1989년 처음 개장했으며 2016년 박물관 이전을 통해 홀래드 파크 내의 예전 커먼웰스 인스티튜션의 자리로 옮김
- ▣ 박물관 내부에 오로지 디자인 전시만을 하는 영국 최초의 박물관이라는 점에서 의의가 있으며 2007년《더 타임스》선정 세계 5대 박물관으로 꼽힘
- ▣ 이전 당시 설립자였던 테렌스 콘란 경이 1,750만 파운드(한화 약 242억 원)를 기부받아 이전에 성공함
- ▣ 이전 당시 전체적인 계획은 렘 콜하스의 OMA가 마스터 플랜을 계획했으며 건물의 외양 및 설계 디자인은 영국 최대 건축회사 얼라이스 앤 모리슨(Allies and Morrison)에 맡겼음
- ▣ 새로 이전한 건물은 기존 규모보다 3배 가까이 늘었으며 지붕이 쌍곡선의 포물면 모양이 특징임
- ▣ 내부에서는 패션, 건축, 인테리어, 생활 등 다양한 분야의 디자인 역사와 시대의 흐름 등을 관람할 수 있으며 로봇, 스와로브스키 재단 센터도 있음
- ▣ 전시 및 교육 프로그램이 있으며 기념품 가게를 통해 독특한 기념품들을 구경할 수 있음

• 디자인 뮤지엄 내부

• 디자인 뮤지엄 내 전시품

• 디자인 뮤지엄 'FROM THE SPOON TO THE CITY'

• 디자인 뮤지엄 'DESIGNER' 슬라이드

3. 버킹엄 궁전

영국 왕실이 거주하는 궁전

1. 개요

- ▣ Buckinham Palace. 영국 왕실의 관저로, 하이드 공원에서 그린 공원과 성 제임스 공원 방향에 위치하고 있음
- ▣ 3층 건물로 궁전 내의 총 770여 개의 방 중 그린 공원 방향의 노스 윙(North Wing) 2층의 12개 방을 찰스 3세가 사용 중

• 버킹엄 궁전 전경

- ▣ 1702년 버킹엄 공작이었던 존 셰필드(John Sheffield)의 저택으로 사용하기 위해 건축가 윌리엄 윈드(William Winde)가 건설함
- ▣ 1819년부터 18년간 총 70만 파운드 이상의 투자로 존 내시(John Nash)가 궁전으로 개조함
- ▣ 19개의 접견실, 52개의 왕실 전용 침실, 188개의 스탭들을 위한 침실, 92개의 집무실, 그리고 78개의 욕실이 있음
- ▣ 멀베리 가든(Mulberry Garden)에서는 매년 여름 9,000명씩의 각계 인사를 초청하고 3번의 로열 가든 파티를 개최하며 더 볼룸(The Ballroom)에서는 각국의 외교사절 170여 명을 초청해 연 1회의 연회를 가짐

2. 연혁

- ▣ 1702~1705년, 버킹엄 공작 존 셰필드의 저택으로 사용하기 위해 건축가 윌리엄 윈드가 축조
- ▣ 1762년, 조지(George) 3세가 부인 샤롯테(Charlotte)와의 사저로 사용하기 위해 매입(2만 8,000파운드)
- ▣ 1819~1837년, 총 70만 파운드 이상의 자금 투입으로 궁전으로 개조(건축가 존 내시)
- ▣ 1837년, 빅토리아(Victoria) 여왕 즉위 후부터 영국 왕실의 궁전으로 사용함
- ▣ 1847년, 건축가 에드워드 블로어(Edward Blore)가 더 몰(The Mall)로 향하는 디 이스트 프론트(The East Front)를 신축함으로써 현재의 모습으로 완성됨
- ▣ 1913년, 블로어가 사용한 돌이 영국 날씨에 적합하지 않다고 판단하여 건축가 애스턴 웹(Aston Webb)이 빗물에 강한 포틀랜드(Portland)석으로 일부 교체함

3. 주요 사항

▣ 왕이 궁전 내 기거할 때는 왕의 기가 게양됨

▣ 근위대 교대: 4~9월, 매일 오전 11시 30분/10~3월, 격일 오전 11시 30분

▣ 버킹엄 궁전 내부는 건축가 존 내시가 막대한 경비를 들여서 개축해 당시 사회적인 비판의 표적이 되기도 했음

▣ 왕실 소유의 미술품 일부는 버킹엄 팰리스 로드(Buckingham Palace Road)를 따라서 있는 퀸즈 갤러리(Queen's Gallery)와 로열 뮤즈(Royal Mews)에서 전시되고 있음

• 버킹엄 궁전

4. 타워 브리지

템스강 위에 있는 런던의 대표적인 랜드마크

- Tower Bridge. 런던 시내를 흐르는 템스강 위에 도개교와 현수교를 결합한 구조로 지은 다리
- 1886년 착공해 1894년 완성했으며 오늘날 국회의사당, 빅벤과 함께 런던의 랜드마크로 꼽히는 건축물
- 영국의 호황기에 건설되었으며 총 길이 260m로 호레이스 존스(Horace Jones)가 설계했음

• 타워 브리지 출처: www.shutterstock.com

▣ 양 옆으로 솟은 거대한 탑은 도개교로 도개교를 매단 두 개의 탑은 높이 50m를 자랑하며 당시 런던 탑과의 조화를 위해 고딕 양식으로 만들어짐
▣ 엘리베이터를 이용해 탑 위로 올라가면 유리 통로로 된 2개의 탑을 연결하는 인도교가 나오며 런던의 경치를 한눈에 바라볼 수 있음
▣ 템스강을 가로지르는 다리 중 가장 아름다운 야경을 자랑함

• 타워 브리지 야경

5. 리치먼드 파크

런던 최대 규모의 공원

1. 개요

▣ Richmond Park. 런던 내에서 가장 규모가 큰 공원으로 런던 서남부에 위치하고 있으며 면적 300만 평, 직경 4km의 크기를 자랑함

▣ 1637년 찰스 1세가 리치먼드 궁전과 햄프턴 코트에 인접한 사슴 사냥터를 만듦

▣ 1649년, 영연방정부 시티 오브 런던에 소유권 이전

▣ 1660년 찰스 2세가 재정비를 한 후 현재 잉어 등 수많은 종류의 어류와 600여 마리의 사슴과 노루가 방목되어 있음

• 리치먼드 파크 호수 출처: royalparks.org.uk

2. 주요 사항

▣ 방목되는 사슴은 켄터베리와 요크 대주교 그리고 일부 왕실 및 정부의 중요 행사의 식재료로 사용됨

▣ 5개의 간이 크리켓 경기장, 2곳의 골프 코스, 24개의 간이 축구장이 있음

▣ 공원 입구 오른쪽에 위치한 복지 시설인 스타 & 가터홈은 지대가 높아 템스 강을 내려다볼 수 있음

▣ 펨브로크 로지(Pembroke Lodge)는 빅토리아 여왕 시절의 총리 러셀경이 거주하던 곳이었으며 화이트 로지(White Lodge)는 조지 6세와 엘리자베스 2세 여왕의 어머니가 한때 살던 곳

• 펨브로크 로지 출처: www.shutterstock.com

6. 햄프턴 코트

200년간 왕실의 궁으로 사용된 성

1. 개요

- ▣ Hampton Court. 런던 중심부에서 남서쪽 15마일 지점에 위치하고 있으며 검은 나무 틀에 흰 벽의 튜더 양식 가옥들이 남아 있고 햄프턴 코트 궁전이 위치함
- ▣ 1514년 헨리 8세의 충복이었던 토머스 울시(Thomas Wolsey)가 추기경이 되기 1년 전 현재 이 지역의 땅을 매입해 280여 개의 호화스런 방을 가진 저택을 건설함
- ▣ 1529년 울시의 실각 이후 대저택이 왕의 소유로 넘어간 뒤 몇 차례의 개보수 및 증축을 거쳐 조지 2세까지 약 200년간 왕실이 사용함
- ▣ 빅토리아 여왕 시절부터 일반에게 공개되면서 궁전의 관리 및 운영권은 정부 관할
- ▣ 1986년 부활절의 화재로 킹스 아파트먼트(King's Apartments)가 대부분 소실되었으나 1992년 완전히 복구함

• 햄프턴 코트 전경 출처: hrp.org.uk

2. 주요 사항

▣ 궁전 정면의 붉은색 벽돌 건물은 울시 추기경 때 건축된 그레이트 게이트 하우스(Greate Gate House)이며 천일의 왕비 앤 불린(Anne boleyn)의 문을 지나면 1540년 헨리 8세를 위해 만들어진 대형 시계를 볼 수 있음. 아직도 작동 중인 이 시계는 시간뿐만 아니라 템스강의 간만 차이를 알려주는 천문시계 역할도 함

▣ 500여 점의 미술품을 소장하고 있는 스테이트 아파트먼트(State Apartments)와 3,000점 이상의 무기를 전시 중인 가드 체임버(Guard Chamber), 16세기 왕실 주방 및 미로(Maze) 등이 아름다움

7. 큐 가든

영국 내 가장 큰 온실이 위치한 공원

1. 개요

▣ Kew Gardens. 본 명칭은 왕실 식물 정원(Royal Botanic Garden)이지만, 현재 지역의 이름이 큐(Kew)라 불려 큐 가든으로 더 많이 알려짐

▣ 약 37만 평의 규모로 광대한 부지에 4만여 종 이상의 식물이 자라고 있으며, 인공 연못가의 열대식물, 고산식물, 대나무 및 한대 식물 등이 있음

• 큐 가든 팜 하우스 출처: gardenersworld.com

2. 연혁

▣ 1731년 웨일스의 프레드릭 왕자의 미망인 오거스타 공주가 이곳에 작은 식물원을 꾸미게 했던 것이 시초

▣ 1772년 식물원에 인접한 리치먼드 영지를 조지 3세가 제공함으로써 현재 큐 가든의 모태가 됨

▣ 1987년 영국에서 가장 큰 프린세스 오브 웨일스(Princess of Wales)가 완성되면서 현재의 큐 가든이 완성됨

3. 주요 사항

▣ 넓은 부지에 4만 종 이상의 식물이 자라고 있음

▣ 인공 연못가의 열대식물, 로크 가든의 고산식물, 뱀부 가든의 수많은 종류의 대나무 및 북극권의 한대 식물에 이르기까지 모든 종류의 식물을 장르별로 관람할 수 있음

▣ 크리스마스를 제외한 매일 오전 9시 30분에 개장하여 5시에 문을 닫음

• 큐 가든 식물원 내부　　출처: musement.com

8. 런던 타워

노르망디 정복 왕 윌리엄 공이 세운 성

1.개요

- ▣ Tower of London. 1066년 노르망디 왕 윌리엄 공이 잉글랜드를 정복한 후 런던을 방어하고 런던 시민들에게 자신을 과시하기 위해 축조한 것
- ▣ 1078년 본성인 화이트 타워가 축조되고 13세기 후반 에드워드 1세 때 지금의 규모로 확장됨

• 런던 타워*

▣ 이 성은 윌리엄 공의 본래 목적 이외에도 화폐 제조장, 동물원, 감옥소, 천문대 등 다양한 용도로 사용되었으며 16세기 초 제임스 1세 때까지는 궁전으로 사용됨

2. 주요 건물

(1) 화이트 타워

- 높이 27m에 벽의 두께가 하부 5m, 상부 4m
- 지상에서 나무 계단을 통해서만 출입이 가능하며 런던에서 가장 오래된 성으로 존스 교회 및 갑옷과 무기들이 시대별로 전시되어 있음

• 화이트 타워 외관*

(2) 타워 그린

- 천일의 앤으로 알려진 헨리 8세의 두 번째 부인인 앤 왕비가 처형당한 곳으로 타워 그린 뒤편에 위치한 교회(성 피터 빈쿨라) 주위에 매장됨

• 타워 그린 외관*

(3) 주얼 하우스

- 10kg의 금실로 짠 대관복을 비롯해 세계에서 가장 큰 530캐럿의 다이아몬드, 왕실 소유 집기, 왕관, 보검이 전시되어 있음
- 엘리자베스 2세 여왕이 사용한 3,250개의 보석이 박힌 임페리얼 스테이트 크라운(Imperial State Crown)도 전시

※ 비프 이터(Beef Eater)로 불리는 경호원들은 1485년 헨리 7세에 의해 창설되었으며, 지금은 퇴역 군인 중 41명을 선발해 성 내에서 가족과 함께 기거하며 근무

※ 성 내에는 항상 6마리의 까마귀를 사육 중인데 모든 까마귀가 날아가 버리면 왕조가 몰락한다는 전설이 있기 때문에 날아가지 못하게 사육 중

• 주얼 하우스 외관*

9. 국회의사당

영국 정치의 중심부

1. 개요

▣ House of Paliament. 1050년경 참회왕 에드워드를 위해 웨스트민스터 궁이라는 이름으로 축조되었으나 두 번의 화재로 전소되었음

• 국회의사당과 빅벤

▣ 현재의 국회의사당 건물은 찰스 베리 경의 설계로 요크셔산 석회석을 사용해 1837년에 준공이 되어 1860년 완공되었음
▣ 만 평이 넘는 부지에 전장 300m, 방 1,100여 개, 총연장 3.2km의 복도, 100여 곳의 층계와 11개의 정원이 있음

2. 주요 사항

▣ 남쪽 부분은 하원(House of Common), 북쪽은 상원(House of Lords)이 자리 잡고 있으며 의회는 11월 왕의 개회사로 시작됨
▣ 상원의원을 피어(Peer)라 부르고 귀족, 대주교, 주교 등으로 이루어지며 하원 의원은 MP라 하며 국민투표에 의해 선출된 사람들을 뜻함
▣ 총 659명의 하원의원을 뽑으며 잉글랜드 529석, 웨일스 40석, 스코틀랜드 72석, 북아일랜드 18석으로 나뉨
▣ 착석 가능 의석 수는 437석으로 많은 의원들이 선 채로 회의가 진행됨

3. 빅벤

▣ 높이 97.5m, 시침 길이 2.7m 분침 길이 4.2m에 이르는 거대한 시계탑
▣ 벤저민 불리아미의 애칭(Ben)과 시계탑 내에 들어 있는 13.5톤의 종의 무게가 합쳐져 지어진 이름
▣ 매 15분마다 타종을 하며 제야의 종으로도 사용됨
▣ 현재도 손으로 태엽을 감아 작동시키는 시계지기가 지키고 있음

• 빅벤

출처: www.shutterstock.com

10. 세인트 폴 성당

세계에서 세 번째 규모의 성당

1. 개요

▣ St. Paul's Cathedral. 로마의 성 베드로 성당, 피렌체의 두오모 성당에 이어 높이 111m로 세계에서 세 번째 규모를 자랑함

▣ 잉글랜드 왕으로서 최초로 기독교 세례를 받은 에설버트(Ethelbert) 왕이 목조의 원형 교회를 세웠던 것이 시초

• 세인트 폴 성당 내부 돔

▣ 현재의 성당은 1666년의 런던 대화재로 인해 전소됨에 따라 크리스토퍼 렌 경의 설계로 1675년에 착공, 35년 후인 1710년 완공되었음

▣ 건축비는 각계의 기부금과 당시 런던의 석탄세로 충당함

• 세인트 폴 성당 외관

2. 주요 사항

▣ 건물 정면의 최상부에는 이 성당의 수호자인 바울 사제의 석상이, 양옆으로는 베드로와 제임스 성자의 석상이 있음

▣ 양쪽의 탑 중 왼쪽에는 시각을 알리는 종이, 오른쪽 시계탑에는 영국에서 가장 무거운 종(무게 17톤)인 그레이트 바울(Great Paul)이 있음

▣ 성당 중앙부의 돔은 그 크기로 세계 2위를 자랑함

▣ 성당 안의 627개의 계단을 오르면 런던 시내를 한눈에 내려다볼 수 있는 골든 갤러리(Golden Gallery)가 있으며, 휘스퍼링 갤러리(Whispering Gallery)는 34m나 떨어진 반대편에서 속삭이는 소리도 명확하게 들을 수 있는 것으로 유명

▣ 런던 주교(Bishop of London)의 성당인 이곳은 1981년 찰스 황태자의 결혼식장으로 잘 알려졌으며 동시에 웰링턴 장군, 넬슨 제독, 크리스토퍼 렌 경 등 유명 인사들이 지하 납골당에 잠들어 있음

11. 세인트 제임스 파크

런던 내에서 가장 오래된 왕실 공원

▣ St. Jame's Park. 버킹엄 궁전 정면에 있으며 면적은 11만 평으로 런던 내에서 가장 오래된 왕실 공원

▣ 기존에는 여성 나환자 치료 병원이 있었으며 이 치료 병원의 이름을 따 공원의 이름으로 명명함

▣ 17세기 헨리 8세 이전까지는 나병 환자들이 돼지를 사육하던 습지였으나 그 후 사슴 방목장으로 변경되었으며 찰스 2세 당시, 베르사유 궁전 출신 정원사 안드레 레 노트레(Andre le Notre)에 의해 프랑스식 공원 형식을 갖추게 됨

• 세인트 제임스 파크 연못 출처: royalparks.org.uk

▣ 19세기 초 조지 4세 이후 수십 년간의 확장 및 개발 등으로 전형적인 영국식 공원으로 변모함

▣ 펠리칸, 오리 등 30여 종의 조류가 인공 연못에 서식하고 있으며 버킹엄 궁전과 엘리자베스 여왕 메모리얼 및 클레런스 하우스가 있음

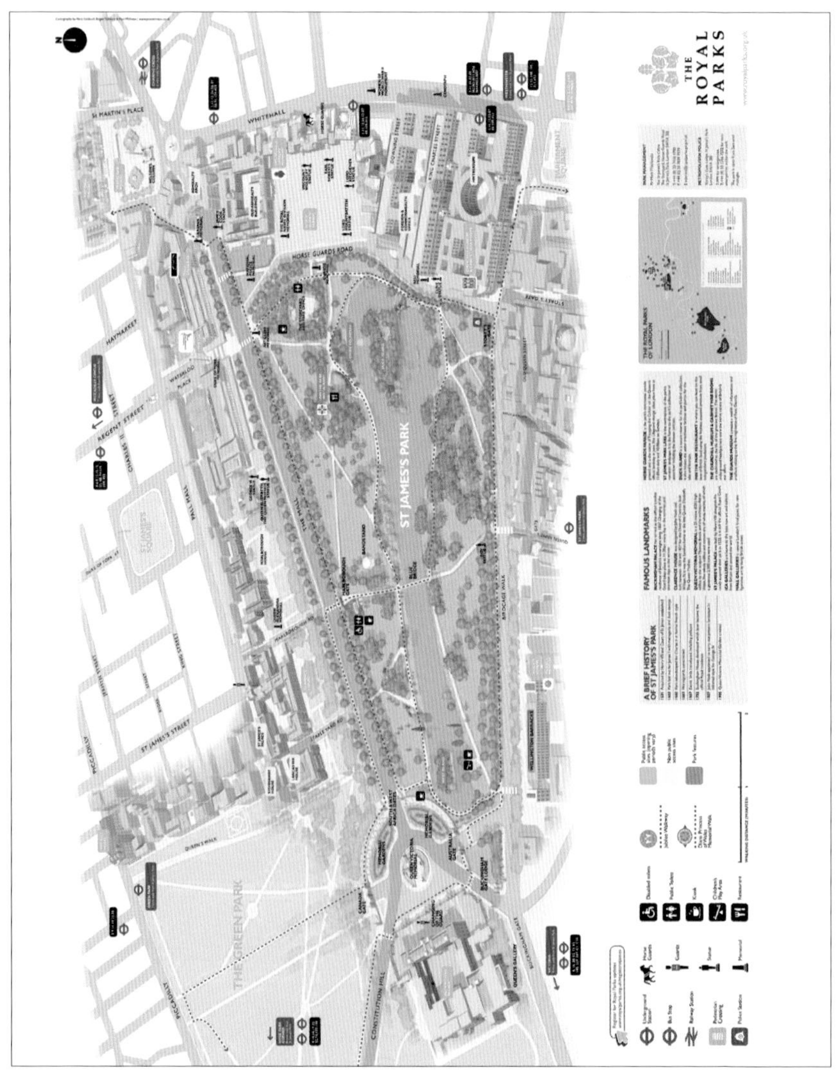

• 세인트 제임스 파크 지도 출처: ontheworldmap.com

12. 하이드 파크

과거 왕실의 사슴 사냥터였던 공원

▣ Hyde Park. 총 42만 평의 넓이를 자랑하며 둘레 5.6km로 런던 시내(Inner London)에서 가장 큰 규모의 공원

▣ 1536년 이전까지는 웨스트민스터 사원의 소유였으나 헨리 8세에 의해 왕가에 인수된 이후 1768년까지 왕실의 사슴 사냥터로 사용됨

▣ 제임스 1세 이후 일반 시민들에게도 공개되었음

▣ 세르펜틴 호수는 템스강의 지류를 막아 만든 인공 호수로 최고 수심은 4.25m에 달하며 총면적은 5만 평의 크기를 자랑함

• 하이드 파크

▣ 공원 둘레의 승마 전용 도로는 찰스 1세 때 만들어진 것으로 일반인들도 사용할 수 있음

▣ 1851년 세계 최초의 만국박람회가 이 공원에서 열렸으며 크리스탈 궁전이라 불리는 유리와 주철만을 사용해 만든 당시의 박람회장은 현재 런던 남쪽의 사이드햄으로 옮겨졌음

▣ 스피커 코너(Speaker's Corner)는 왕을 욕되게 하는 표현을 제외한 어떤 표현의 자유도 보장되는 곳으로 일요일이면 많은 사람들의 열띤 토론이 벌어짐

• 스피커 코너

13. 내셔널 갤러리

영국 박물관과 함께 영국 최대의 미술관

▣ National Gallery. 1824년 건축된 내셔널 갤러리는 영국 박물관과 함께 영국 최대의 미술관 중 하나로 손꼽히며 수장품의 범위는 초기 르네상스에서 19세기 후반에 이름

▣ 피렌체의 우피치 미술관, 마드리드의 프라도 미술관과 함께 유럽 3대 미술관으로 손꼽히며 모두 66개의 전시실로 구분되어 있음

• 내셔널 갤러리 출처: www.shutterstock.com

▣ 영국 작품뿐 아니라 전 세계 각국의 명작품들을 골고루 수장하고 있으며 특히 이탈리아, 르네상스와 더불어 네덜란드파 작품이 충실히 전시되어 있음

▣ 반 에이크의 〈아르놀피니 부부의 초상〉을 비롯하여 렘브란트를 정점으로 하는 17세기 네덜란드 회화를 많이 수장함

▣ 내셔널 갤러리의 특징 중 하나는 각 소장품들을 시대별로 구분해 놓았다는 것인데 이에 따라 연대순으로 관람하기 용이함

▣ 시대순으로 관람하고 싶다면 세인즈베리 윙(Sainsbury Wing), 웨스트 윙(West Wing), 노스 윙(North Wing), 이스트 윙(East Wing)의 순으로 관람을 추천함

• 고흐, 〈해바라기〉(왼쪽), 얀 반 에이크, 〈아르놀피니의 결혼〉(오른쪽)

14. 웨스트민스터 사원

왕들의 대관식을 거행했던 사원

1. 개요

- ▣ Westminster Abbey. 도시의 서쪽에 위치한 사원이라는 의미로 '웨스트민스터(Westminster)'란 이름이 붙음
- ▣ 1065년 12월 28일 참회왕 에드워드(Edward the Confessor)는 교황의 후원으로 왕위에 올랐지만 성지 순례를 하지 못한 보상으로 이 사원을 건립함
- ▣ 건립 직후 8일 만에 에드워드 왕의 사망으로 이 사원 제단 뒤에 묻힌 최초의 왕이 됨
- ▣ 1066년 윌리엄 1세의 대관식이 거행되었으며 이후 왕의 대관식과 왕족의 결혼식에 사원을 사용하기 시작함
- ▣ 1245년 헨리 3세는 당시 프랑스에서 유행하던 고딕 양식으로 사원을 개축했으며 1388년 현재의 규모로 증축되었음

• 웨스트민스터 사원 내부 출처: dominikgehl.com

2. 주요 사항

- 윌리엄 1세 이후 현재의 찰스 3세까지 43대에 이르는 동안 대부분의 왕이 이곳에서 대관식을 개최함
- 역대 왕들뿐 아니라 아이작 뉴턴, 리빙스턴 등 다양한 정치인, 문인, 과학자 등이 묻혀 있음
- 스코틀랜드의 대관식 장소인 스콘 궁전에 있던 신령스러운 대리석(야곱이 베고 자면서 천사의 꿈을 꾸었다는 돌)을 에드워드 1세가 1296년 스코틀랜드 침공 시 노획해서 대관식용 의자 사이에 끼워 놓았는데, 지금은 스코틀랜드에 있음
- 처칠 장례식, 앤드루 왕자의 결혼식이 행해진 곳으로도 유명함

• 웨스트민스터 사원 외관*

15. 영국 국립 도서관

영국 최대의 도서관

- British Library. 1972년 도서관법(British Library Act 1972)을 통해 도서관의 설립 근거가 마련되었으며 영국 박물관 부속도서관, 국립중앙도서관, 과학기술정보처 등 기존의 다양한 도서관들을 통합하여 만들어짐
- 1982년 찰스 왕자가 현재 도서관 건물의 초석을 놓았으며 이후 1997년에 완공됨
- 도서관 디자인과 건축에만 8,500억 원 가량이 소요되었으며 1998년 영국 여왕이 공식적으로 개관했음
- 총면적은 11만 1,484m^2로 지상 9층과 지하 5층으로 구성되어 있으며 약 1억 권 이상의 소장품들이 있고 매년 12km씩 서가가 늘어나고 있음
- 연간 예산은 약 1조 2,000억 원 정도이며 일 평균 2만 5,000명이 이용함
- 열람실 이용에는 매우 많은 제약이 있는데 이는 도서관이 보험에 들 수 없기 때문. 마그나 카르타 등 가치를 매길 수 없는 소장품이 많기 때문에 보험사에서 보험을 들어주지 않는다고 함

• 영국 국립 도서관 열람실 출처: bl.uk

16. 코벤트 가든

쇼핑, 마켓, 공연의 중심지

▣ Covent Garden. 런던 중심가에 위치한 대형 플라자로 도시 중앙에서 매우 가까우며 트라팔가 광장과 도보로 8분 거리에 위치함

▣ 크게 세 가지 마켓으로 구분되는데 수제품인 예술 작품과 디자인 제품을 판매하는 애플 마켓, 기성품이나 선물용품을 판매하는 주빌리 마켓, 마지막으로 잡화, 어린이 옷, 비누 등 가정제품 및 공예품을 판매하는 이스트 콜로나드 마켓이 있음

• 코벤튼 가든 외부 길거리 문화 공연

▣ 대형 플라자인 만큼 다양한 상품들을 판매함과 동시에 다양한 거리 공연이 진행됨

▣ 사무엘 페피스의 〈펀치 앤드 주디〉라는 인형극의 발상지이며 이후부터 실력 있는 아티스트들이 길거리 공연을 주도하게 됨

▣ 과거 청과물 시장이었으며 오드리 헵번이 주연한 뮤지컬 영화 〈마이 페어 레이디〉의 배경으로 유명함

• 코벤튼 가든 내부

• 코벤튼 가든 내부 공연

17. 쇼디치

트렌디한 예술가들의 터전이자 역사

1. 개요

▣ Shoreditch. 런던 북동쪽 및 중부에 위치해 있으며 다양한 예술 및 세계 트렌드의 중심지로 런던 지아니 축제(Gianni Festival), IT 및 문화예술을 선도하고 있음

▣ '전 세계 트렌드 1번지'로 손꼽히며 YBA(Young Britishi Artists)의 그라피티, 설치 미술가 트레이시 에민 등 다양한 예술가들이 활동하고 있음

▣ 과거 영국의 대표 작가인 찰스 디킨스의 〈올리버 트위스트〉의 배경이며 셰익스피어가 〈커튼 시어터〉라는 공연 무대를 상영한 예술의 역사가 깊은 곳

▣ 2000년 이전까지만 해도 빈민가 및 할렘의 상징이었지만, 그로 인한 낮은 집값 때문에 많은 수의 예술가들이 모이며 세계 트렌드의 중심지로 바뀌게 되었음

▣ 쇼디치 인근의 올드스트리트와 브릭 레인에도 산업 디자이너들과 화가 등 다양한 사람들이 모여들며 '쇼디치 트라이앵글'을 형성했음

▣ 우리나라 건대입구역에 위치한 컨테이너 쇼핑 센터인 '커먼 그라운드'도 쇼디치의 '박스 파크'를 모델로 만들었음

▣ 예술 활동뿐 아니라 다양한 스타트업 및 IT 기업들이 자리 잡고 있음

• 쇼디치의 그라피티

• 쇼디치의 식당

2. 박스 파크

▣ 쇼디치에 위치한 세계 최초의 팝업 몰로 약 1~2평 넓이의 스토어들이 가득 한 검은색 컨테이너의 모던한 디자인이 특징적임
▣ 내부에는 다양한 브랜드 숍과 레스토랑이 있으며 사업을 시작할 때 리스크 부담을 낮추기 위해 자금이 적게 드는 형태로 만든 것이 원형이 됨
▣ 야외 테라스가 마련되어 있으며 인디밴드 및 다양한 아티스트들의 공연을 관람할 수 있음
▣ 우리나라 건대입구역의 '커먼 그라운드'가 박스 파크의 형태를 참고해 만들어짐

• 쇼디치의 박스 파크

18. 로열 앨버트 홀

클래식, 오페라, 박람회 등 다양한 행사가 열리는 공연장

1. 개요

▣ Royal Albert Hall. 1851년 런던에서 열린 만국박람회를 주도한 앨버트 공이 박람회의 수익으로 '산업과 문화 교육을 위한 건물'을 건설하자는 제안을 하면서 계획됨

▣ 당시 건축비 부족으로 지어지지 못한 공연장의 객석을 999년 장기 임대로 팔아 공연장을 지었으며 이에 따라 여전히 345명의 개인과 법인이 1,290석의 주인으로 되어 있음

▣ 건물 외벽을 두르고 있는 테라코타 프리즈의 주제는 '예술과 과학의 승리'이며 북쪽에서부터 시계 반대 방향으로 16개의 그림이 그려져 있음

▣ 건축가 롤런드 메이슨 오디시(Rowland Mason Ordish)가 설계한 돔 지붕이 특징이며 특히 이 돔은 철과 유리로 뒤덮여 있음

▣ 1871년 3월 29일 빅토리아 여왕이 참석한 가운데 개관 기념식이 열렸음

▣ 개관 이후 음향의 메아리 문제가 심각해 흡음 시스템을 설치하게 되어 전체적인 사운드가 작게 들린다는 단점이 있음

• 로열 앨버트 홀 외관

▣ 개관 당시 앨버트 홀의 파이프 오르간(파이프 9,779개로 구성)은 영국에서 두 번째로 큰 규모였는데, 가장 큰 오르간은 리버풀 성공회 대성당의 오르간이었음

2. 런던 BBC 프롬스

▣ BBC Proms. 전 세계에서 가장 유명한 클래식 음악 축제 중 하나로 영국 대표 방송사인 BBC가 여름 시즌에 약 8주 동안 진행함

▣ 프롬은 청중들이 바닥에 앉아 편하게 음악을 즐길 수 있는 프롬나드 콘서트(Promenade Concert)의 줄임말이며, 1895년 영국의 사업가이자 음악가였던 로버트 뉴먼(Robert Newman)이 설립함

▣ 클래식 음악의 높은 진입 장벽과 불필요한 격식을 깨고자 한 음악 축제로 복장 제한 및 자리, 행동의 엄격한 규제를 떠나 편하게 클래식을 즐길 수 있는 것이 특징

※ 2019년 119회 Proms에 한국 피아니스트 김선욱 씨가 특별 초청받음

• 2022년에 열린 프롬스*

19. 피커딜리 서커스

리젠트 스트리트의 시작점이자 런던의 중심 길

- ▣ Piccadily Circus. 피커딜리 서커스 역에서 내리는 지점을 시작으로 런던 시내의 주요 거리가 교차하는 중심지
- ▣ 주요 교차 거리는 피커딜리 스트리트, 옥스퍼드 스트리트, 본드 스트리트, 리젠트 스트리트 등이며 고급 호텔 및 백화점 거리가 형성되어 있음
- ▣ 런던에서 유동 인구가 가장 많은 곳. 피커딜리 서커스 길의 중앙 지점에 있는 굉장히 많은 대형 전광판들이 인상적이며 미국의 타임스 스퀘어와 같이 여러 대기업에서 광고하고 있음
- ▣ 광장 중간에는 에로스 동상이 서 있고 그곳을 중심으로 여행객들이 앉아서 쉬고 있으며 거리 공연 및 다양한 뮤지컬 극장들이 즐비하게 늘어서 있음

• 피커딜리 서커스

• 피커딜리 서커스

20. 차이나 타운

유럽 최대 규모의 차이나 타운

- ▣ China town. 유럽에서 가장 큰 규모를 자랑하며 비교적 저렴한 중국 식당들이 모여 있어 많은 여행객들과 관광객이 찾음
- ▣ 차이나타운이지만 중간 중간 아시안 푸드인 한식당 혹은 일식당들도 섞여 있음
- ▣ 매년 음력설을 기준으로 '차이니스 뉴 이얼스 데이(Chinese New Year's Day)'가 열림
- ▣ 중국인들이 영국에 모여 살게 된 시점은 빅토리아 시대부터로 가장 초창기에는 라임하우스 이스트 엔드 선착장에 형성됨
- ▣ 1940년 중국 이민자들이 급격히 늘어나면서 지금의 소호 지역으로 옮겨져 현재의 차이나 타운을 형성하게 되었음

• 차이나 타운

▣ 화려한 붉은 색 아치가 특징이며 차이나 타운답게 전반적으로 붉은 느낌을 띰

• 차이나 타운 길거리

21. 국립 초상화 박물관

초상화만 전시하는 세계 최초의 초상화 전문 미술관

▣ National Portrait Gallery. 내셔널 갤러리 뒤편에 위치하고 있으며 세계 최초의 초상화 전문 미술관임

▣ 약 5,000여 점의 초상화를 소장하고 있으며 유명한 인물, 왕족, 가수 등 영국을 대표하거나 이슈가 되었던 인물들의 초상화가 전시됨

▣ 각 층은 시대별 초상화가 전시되어 있으며 1층은 1990년부터 현시대, 2층은 18~19세기, 3층은 튜더 왕조부터 17세기의 초상화가 전시되어 있음

▣ 초기 소장품은 왕조나 위대한 인물들이었지만 대부분 영국을 대표하는 인물들이었으며 국민들의 정서에 가까워 공공기관 중 '가장 가치 있고 재미있는, 비할 데 없이 훌륭한' 미술관이라는 평을 들음

• 국립 초상화 박물관 외관*

• 국립 초상화 박물관 내부*

22. 트라팔가 광장

영국 최대의 문화예술 센터

▣ Trapalgar Square. 1805년 트라팔가 해전을 기념해 조성된 광장으로 런던 코벤트 가든에 위치함

▣ 초기에는 윌리엄 4세 광장이란 이름으로 불렸으나 건축가 조지 리드웰 테일러(George Ledwell Taylor)의 제안으로 트라팔가 광장으로 불리기 시작함

▣ 에드워드 1세 시대에는 왕가의 정원이었으며 1820년대 조지 4세가 건축가 존 내슈에게 재개발을 의뢰하며 1845년에 이르러 현재의 모습을 갖춤

▣ 행위 예술, 버스킹, 마술 등 다양한 버스커들이 있으며 예술 활동뿐만 아니라 정치 연설을 하는 사람들을 쉽게 볼 수 있음

▣ 트라팔가 광장 중앙에는 넬슨(Nelson) 제독의 기념비가 있으며 거대한 사자 4마리가 떠받치고 있는 형상으로 건축되었음

• 트라팔가 광장의 넬슨 제독 기념비

• 트라팔가 광장

23. 런던 대화재 탑

1666년 런던의 대화재를 기념하기 위한 탑

▣ The monument Great Fire of London. 1666년 9월에 일어난 런던 대화재를 기념하기 위한 탑

▣ 1677년 건축되었으며 크리스토퍼 렌이 설계했고 66m의 높이와 311개의 나선형 계단을 통해 갈 수 있는 전망대가 특징

▣ 기념비의 기둥은 도리아 양식을 사용했으며 영국의 포틀랜드 섬에서 나는 석회석을 이용해 제작함

▣ 높이가 높은 탑인 만큼 전망대에서는 런던 시내를 한눈에 볼 수 있음

• 런던 대화재 탑

24. 카나비 스트리트

런던의 패션과 문화의 중심지

1. 개요

▣ Carnaby street. 런던 중심부 웨스트민스터 구의 소호에 있는 쇼핑 거리로, 1960년대부터 런던의 문화와 패션의 중심지로 유명세를 얻었고, 스윙 시대(Swinging Sixties)의 상징적인 장소로서, 부티크(Boutique) 패션과 미니스커트(miniskirt) 등 패션 트렌드의 발화지임

▣ 독특한 상점과 부티크, 60개 이상의 레스토랑 등으로 가득 차 있는 카나비 스트리트는 유니크한 패션 아이템과 빈티지 상품 등을 찾는 사람들에게 인기가 많으며 길가에는 화려한 벽화로 장식한 다채로운 건물들이 충분한 볼거리를 제공함

• 카나비 스트리트

2. 킹리 코트(카나비의 대표 푸드코트)

▣ 카나비의 상징적인 킹리 코트는 웨스트 엔드 중심부에 위치한 3층 규모의 푸드코트로, 여름에는 야외 분위기, 겨울에는 지붕이 덮여 아늑한 분위기를 선사함

▣ 1층에 위치한 컵케익 베이커리 크럼스 앤드 도일리스(Crumbs & Doilies)가 유명하며 많은 디저트 푸드를 맛볼 수 있음

▣ 이탈리아 음식뿐만 아니라 필리핀 요리, 한국 요리, 타코, 페루 요리 등 다양한 국가의 음식을 맛볼 수 있으며 그중 최상층에 위치한 케밥집 르 밥(Le Bab)과 북인도 벵골 요리를 즐길 수 있는 다질링 익스프레스(Darjeeling Express)는 런던의 미식가들도 많이 방문하고 있음

▣ 1940년대 런던을 테마로 하는 카후츠(Cahoots), 카후츠 티켓 홀 앤드 컨트롤 룸(Cahoots Ticket Hall and Control Room), 디스리퓨트(Disrepute), 나이트자(Nightjar)도 인기가 많음

출처: www.timeout.com

25. 런던 유명 백화점

런던의 유명한 해러즈 백화점 및 브랜드

1. 개요

▣ 해러즈 백화점 경영 요약
- 종업원: 4,000명
- 총매출액: 약 10억 파운드(3조 6,400억 원, 2022년)
- EBIT(영업 이익): 1억 5,000만 파운드(2023년)
- 면적: 약 2만 평, 일 평균 8만 명 방문

▣ 영국 럭셔리 백화점의 대명사로 영국 왕실 및 귀족들의 각종 생필품을 공급하며 세계의 많은 백화점의 벤치마킹 대상

2. 약사

▣ 1849년 H.C 해러즈가 매입한 런던의 작은 식료품상에서 출발함

▣ 1902년 91개의 상점과 2,000명을 보유한 영국 최대의 상점이 되었으며 영국 내 최초로 에스컬레이터 및 전화 주문이 도입됨

▣ 1959년 하우스 오브 프레이저(House of Fraser)라는 유통 그룹이 인수했다가 1993년 현재의 '모하메드 알 파예드(Mohamed Al Fayed)' 사장이 인수해 가족 지배 구조의 백화점이 됨

■ 총 7층 건물로 외장 벽은 테라코타(진흙으로 구워 만든 벽돌)로 되어 있으며 1985년 이집트 전통 테마를 활용한 이집트 관 및 이집트 에스컬레이터 등이 도입됨

• 해러즈 백화점 외관

■ 1883년 화재 이후 큰 타격을 입었으나 찰스 딕비 해러즈(Charles Digby Harrods)가 크리스마스 선물을 고객들에게 제때 전달하면서 오스카 와일드(Oscar Wilde), 찰리 채플린(Charles Chaplin), 프로이트(Freud), 영국 왕실 등의 고객이 단골이 되며 명성을 얻게 됨

3. 특징

■ 테라코타 외장 벽으로 유명하며 이것은 본차이나 및 세라믹 메이커 로열 덜튼(Royal Doulton)이 건설했음. 식품관에 있는 다이아몬드 형태의 타일도 같은 인물이 제작함

4. 층별 안내

구분	내용
지하 1층	식품관, 남성용 의류, 사진, 문방구, 해러즈 기념품 판매대, 다이애나 왕비와 도디 알파예드 추모실
지상층	보석 및 시계, 해러즈 기념품 판매, 여성 액세서리, 향수, 화장품, 남성 의류, 신발, 액세서리, 식품관
1층	여성 패션 및 신발, 란제리
2층	서적, 크리스마스 상품, 가구, 침구류, 야외용 제품, 애완동물용품, 여행 제품 및 가방
3층	가구, 홈 엔터테인먼트, 식기류, 피아노, 악기
4층	아동 서적, 아동 의류, 장난감, 침구류
5층	미용실, 스포츠 용품

5. 매장 방문 의견

- ▣ 세일 기간 방문객은 관광객이 주종, 이 중 한국인이 다수
- ▣ 제품 전시도 세일에 맞추어 비정상 전시라 혼잡함
- ▣ 매장 간의 이동이 혼잡해 이동이 원활치 못함
- ▣ 방문 시 사전에 품목을 파악해서 동선을 최소화하는 것을 권장하며 방문 시간도 오전을 권장함

• 해러즈 백화점 내부

6. 대표 명품 – 버버리

(1) 개요

▣ 버버리라는 이름은 우수한 품질과 뛰어난 실용성을 겸비한 개버딘을 개발한 토머스 버버리의 이름에서 유래

▣ 에드워드 7세가 코트를 입을 때마다 "내 버버리를 가져오게"라고 말한 것이 궁전 밖까지 퍼져 브랜드 명으로 정착한 버버리는 옥스퍼드 사전에서도 이름을 빛내고 있으며, 10년마다 갱신되는 왕실의 인가와 함께 영국 왕실의 지정 상인으로서의 명예를 지금까지 이어오고 있음

▣ 버버리의 가장 큰 매력은 장식성과 실용성을 겸비한 다양한 아이템들을 선보이고 있다는 점. 하지만 그중에서도 90년대 버버리를 대표하는 제품은 여전히 버버리 트렌치 코트

• 버버리 매장 외관

▣ 미리 방수 처리를 한 면사를 촘촘히 직조한 후 다시 한번 방수 처리를 한 개버딘은 완벽하게 방수가 되고 비나 눈을 맞아도 한기를 느끼지 못할 만큼 보온력이 좋음

▣ 또한 더운 기후에서는 열을 막아 더위가 피부에 닿지 못하게 하는 내수성과 내구성, 통기성 및 단열성이 뛰어남

▣ 이러한 특성을 가진 개버딘을 소재로 팔의 움직임을 자유롭게 하는 라글란 소매와 가슴 쪽의 비바람을 차단하기 위해 소토움 플랩이 달린 나폴레옹 칼라, 풍향에 따라 변하는 컨버터블 등으로 실용성이 뛰어난 트렌치 코트는 전통적인 디자인을 고수하며 시대의 흐름과 유행의 변화에 따라 길이로 스타일의 변화를 연출

▣ 버버리는 여러 왕가와 사회 각 방면의 저명 인사들이 애용했는데 특히 윈스턴 처칠(Winston Churchill), 서머셋 모옴(Somerset Maugham), 제인 폰다(Jayne Fonda). 캐서린 헵번(Katharine Hepburn) 등이 버버리 애호가로 유명

▣ 유행의 변화와 흐름이 다른 어느 때보다도 빠른 90년대였지만 전통을 고수하는 버버리는 그 정통성으로 변함없는 사랑을 받았음

▣ 제품은 다양화되었으나 모든 제품에 공통적으로 들어가 있는 버버리 체크 무늬는 한눈에 버버리임을 알 수 있게 하며, 검정색과 주황색, 흰색, 밤색 등의 서로 교차된 체크 라이닝 역시 변함없는 버버리의 상징임

▣ 최근 들어서 조금은 젊어진 모습으로 어필하고 있는 브랜드 버버리는 전통을 기초로 한 디자인의 변화와 혁신, 다양한 제품 라인 등으로 보다 많은 사람들에게 가까이 다가가고 있음

(2) 레이드 마크

▣ 버버리 진품과 모조품의 구별

- 버버리의 체크 패턴은 집안에 하나 정도 갖추지 않은 집이 없을 정도로 몇 년 전 부터 꾸준한 인기를 얻고 있어 이에 따라 모조품도 무척 많음
- 99년 이전의 버버리 머플러는 위조를 방지하기 위해 라벨 뒷면에 십자모양의 야광수가 놓여 있었음
- 99년 이후의 머플러에는 야광 실이 없는 대신 로고의 모양이 'BURBERRY'로 바뀌었으며 레이블이 플라스틱 연결 고리로 달림

(3) 역사

- ▣ 1856년 당시 21세인 토머스 버버리(Thomas Burberry)가 설립
- ▣ 1891년 지금의 본사인 런던 헤이마켓(Haymarket)에 첫 점포 오픈
- ▣ 1901년 영국 육군성이 트렌치 코트를 장교의 공식 제복으로 채택
- ▣ 1940년 웨더프루프(Weatherproof)가 영국 여왕 납품으로 선정
- ▣ 1955년 여왕 납품업체 1위 선정
- ▣ 1997년 새로운 디자인과 폭넓은 제품 구성으로 차별화된 광고 시작

(4) 버버리 팩토리 아울렛 매장

▣ 29 - 53 Chatham Place Hackney W1S 2RE

- 매장의 규모가 있는 편이며 입구에는 락커가 있어 짐과 가방을 보관할 수 있음
- 면세의 경우 600달러 범위 내로 가능하며 피팅룸이 있어 자유롭게 매장의 옷들을 입어볼 수 있음
- 다양한 제품들을 할인하고 있음
- 매장 운영 시간: 월~토 10:00~19:00, 일 11:00~18:00

26. 런던 주요 쇼핑몰

영국 주요 쇼핑 거리와 대표 쇼핑몰

1. 런던 주요 쇼핑 거리

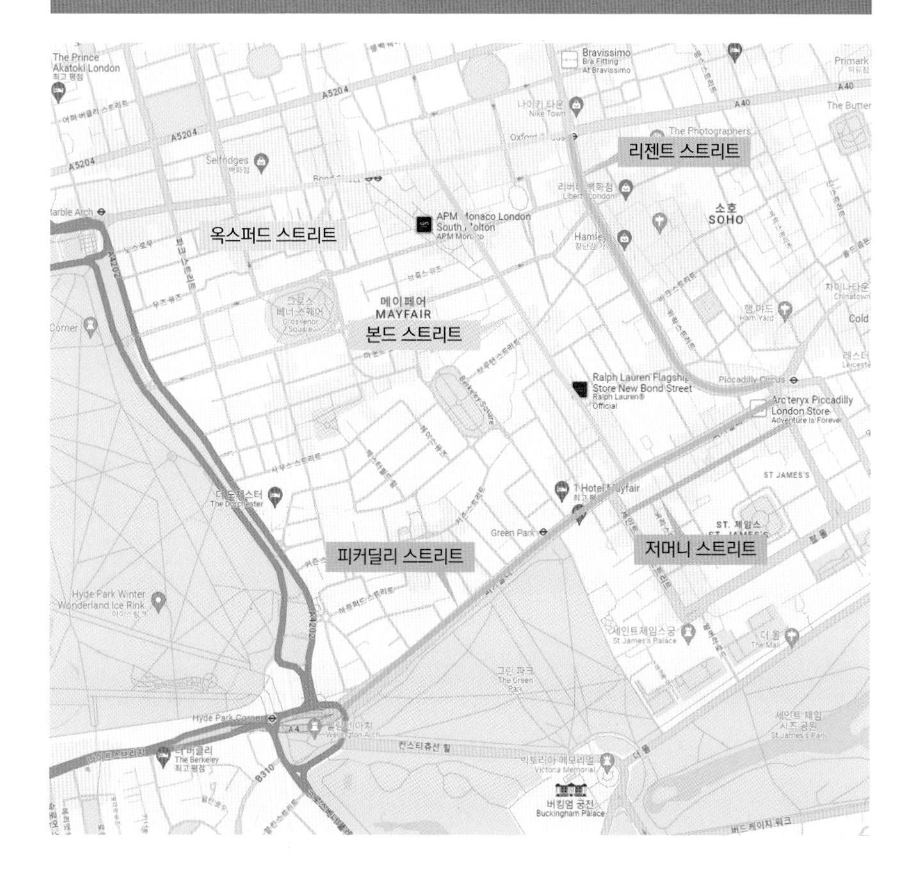

2. 원 뉴 체인지(One New Change)

- ▣ 2012년 칩사이드 거리를 중심으로 167개의 상점이 들어섬
- ▣ 랜드 시큐리티(Land Securities) 부동산 회사가 투자해 건설했으며 프랑스 건축가 장 누벨이 설계를 맡아 진행함
- ▣ 총면적 약 2만m^2의 상업 시설 및 오피스 공간을 갖추고 있음
- ▣ 제이미 올리버(Jamie Oliever)와 고든 램지(Gordon Ramsay) 셰프의 식당이 있으며 옥상 테라스에서는 세인트 폴 대성당이 잘 보여 많은 관광객들이 찾음

• 원 뉴 체인지 백화점 외관

- ▣ 오피스와 상점들을 중앙에 위치시켜 허브로 연결하고, 아래 3개 층은 상점, 나머지 상층부는 오피스 공간으로 활용함
- ▣ 세인트 폴 대성당과 가까운 만큼 현대적인 건축물 건축에 대해 반대 의견이 많았으며 찰스 왕자가 건축에 반대하는 편지를 쓴 일화가 있음

• 원 뉴 체인지 백화점 내부

3. 웨스트필드 런던(Westfield London)

- 2008년 셰퍼드 부시 지역에 270개의 상점이 오픈한 상업 시설
- 총면적 15만m²의 규모로 런던에서 세 번째로 큰 호화 쇼핑 센터
- 웨스트필드는 영국에 총 3군데(런던, 스트랫퍼드시, 요크셔) 있음
- 유럽 내 첨단 상영관이 있는 영화관이 있어 영화 애호가들이 많이 찾음
- 백화점을 찾는 손님의 약 20%가 외국인으로, 관광 산업에 일조하고 있으며 연간 약 3억 파운드(5,400억 원) 정도의 지역 경제 파급 효과를 가짐

• 웨스트필드 런던*

4. 리버티(Liberty)

▣ 리젠트 스트리트에 위치한 백화점으로 영국에서 가장 오래된 백화점

▣ 고저택 모양의 목조건물이 특징이며 명품 브랜드부터 새로운 디자이너들의 브랜드까지 입점함

▣ 남성 코너는 지하 1층에 위치하고 있으며 지상층에는 액세서리와 뷰티 코너, 1층에는 여성 코너가 있음

▣ 대대적으로 6월 말에 세일이 시작되며 그 기간 동안 명품뿐 아니라 다양한 품목이 할인을 함

• 리버티 백화점 외관

• 리버티 백화점 내부

27. 런던 주요 마켓

런던을 대표하는 마켓들

1. 포토벨로 마켓(Portobello Market)

▣ 런던에서 가장 길고 유명한 마켓이며 영화 노팅힐의 배경으로 유명함

▣ 다양한 소품을 판매하고 길거리 음식들을 제공함

▣ 건물들이 파스텔 톤을 이루고 있으며 1층은 상가, 2층부터는 주택으로 구성되어 있는 구조

• 포토벨로 마켓의 상점

▣ 느린 걸음에서 보통 걸음으로 약 50분~1시간 내외를 걸어야 끝에 도달할 수 있으며 총길이는 약 2km

▣ 마켓은 크게 앤티크 거리, 잡화 거리, 과일 거리로 나뉘며 앤티크 거리의 경우 토요일에 오픈함

• 포토벨로 마켓 잡화점

• 포토벨로 마켓 길거리

2. 캠든 마켓(Camden Market)

▣ 포토벨로 마켓과 함께 런던 2대 마켓으로 불리며 주말엔 약 10만 명 정도의 사람들이 찾는 인기 많은 마켓

▣ 리젠트 파크 북쪽에 위치해 있으며 다양한 인종들을 만날 수 있음

▣ 캠든 마켓은 총 6개의 마켓으로 나뉨

① 메인 스트리트: 옷, 신발, 스페셜 상점, 펍, 레스토랑

② 캠든 스태블 마켓: 빈티지 옷, 앤티크 가구

③ 캠든 락 마켓: 패션, 액세서리, 주얼리, 음식

④ 캠든 락 빌리지: 패션, 액세서리, 주얼리

⑤ 캠든/벅 스트리트 마켓: 옷, 신발, 액세서리

⑥ 인버네스 스트리트: 선물 가게, 바, 레스토랑

• 캠든 마켓*

3. 버러 마켓(Borough Market)

▣ 현지인들이 식료품을 주로 판매하는 재래시장으로 1272년 처음 개장함

▣ 직접 재배한 채소, 과일 및 해산물을 판매하며 다양한 제과 제품도 구입 가능함

▣ 월~토요일이 개장일이며 월요일과 화요일의 경우 전체 매장이 문을 여는 것이 아니라 일부 상점만 문을 염

▣ 12월 한 달 동안은 매일 마켓이 열림

• 버러 마켓*

28. 웨스트 엔드 극장가

미국 브로드웨이와 함께 손꼽히는 세계 2대 뮤지컬 거리

- West End Musical. 레스터 스퀘어를 중심으로 코벤트 가든과 피커딜리 서커스까지 이어지는 지역을 뜻하며 대중문화의 중심지
- 미국 뉴욕의 브로드웨이와 더불어 연극과 뮤지컬의 성지로 불리며 수많은 작품들이 만들어지고 공연하고 있음
- 많은 사람들이 뮤지컬이라 하면 브로드웨이를 생각하지만 실제로 〈캣츠〉, 〈오페라의 유령〉, 〈레 미제라블〉, 〈미스 사이공〉으로 통칭되는 세계 4대 뮤지컬은 런던 웨스트 엔드에서 만들어짐

• 웨스트 엔드 극장가

▣ 〈오페라의 유령〉의 작곡가로 유명한 앤드루 로이드 웨버(Andrew Lloyd Webber)가 조성에 큰 힘을 썼으며 웨스트 엔드에서 1년간 판매되는 뮤지컬 티켓은 약 1,300만 장가량 됨

▣ 브로드웨이와 많이 비교되며, 상영되는 작품들의 경우 브로드웨이는 '쇼'의 형식에 가깝다면 웨스트 엔드의 작품들은 '철학'에 가깝다고 함

• 웨스트 엔드 극장 내부

• 웨스트 엔드 극장

29. 윈저성

900년간 잉글랜드 왕의 성으로 이용된 성

1. 개요

▣ Windsor Castle. 현재 규모는 약 3만 7,000평에 달하지만 1080년 윌리엄 정복 왕이 런던 외곽 지역의 사수를 위해 처음 지을 때는 높이 30.5m의 목조 건물뿐이었음

▣ 런던에서 가깝고 주위에 넓은 왕실 사냥터가 있어 왕실의 주요 거주지로 변모

▣ 헨리 1세: 1110년부터 일년 중 3개월 이상을 여기서 보냄

▣ 헨린 2세: 성을 궁전으로 개축, 석조 건물로 변경

▣ 1649년 이후 크롬웰 장군의 공화정 시기에는 왕족의 연금 장소로 사용

▣ 1777년 이후 조지 3세와 조지 4세에 걸쳐 지금의 성 모습으로 완성

2. 주요 사항

▣ 런던의 버킹엄 궁전, 에든버러의 홀리루드 하우스(Holyrood House)와 더불어 영국 왕실의 주거지

▣ 왕의 주말 휴식처이자 국빈의 영빈관 역할을 하며, 4월 한 달과 6월 애스콧(Ascot) 경마가 열리는 주간에는 왕이 이곳에 머무르며, 성탄절에는 왕가 전체가 이곳에 모여 명절을 보냄

• 윈저성 외관 출처: royal.uk

• 윈저성 내부 정원 및 경마 길 출처: britannica.com

■ 세인트 조지 성당(St. George's Chapel)에서는 예배와 함께 매년 기사 작위 수여식이 행해짐
■ 1992년 11월 20일, 누전에 의한 화재로 상층부의 퀸즈 프라이빗 성당(Queen's Private Chaple)과 동북쪽 건물 대부분이 소실되었으나, 1997년 11월 완전 복원됨(복구 비용 5,900만 달러)
■ 근위병 교대식: 매일 오전 11시(겨울은 격일)
■ 메리 여왕의 인형관(Queen Mary's Doll's House)과 스테이트 아파트먼트(State Apartment)도 관람 가능하며, 1440년에 창립된 해로 칼리지(Harrow College)와 함께 명문 중의 명문이라는 이튼 칼리지(Eton College)가 인근에 있음

3. 기타 사항

■ 템스강을 따라 윈저로 들어오는 길이 구불구불해 '윈드 쇼어(Wind Shore)'라 불리기 시작해 윈저라 불렸으며 세계에서 가장 오랫동안 성터를 지킨 성채
■ 정복왕 윌리엄 시대 런던의 서쪽을 방어하기 위해 건축했으며 에드워드 4세, 헨리 8세의 증축을 거쳐 현재의 형태를 띰
■ 버킹엄 궁전과 스코틀랜드 에든버러의 홀리루드 궁전과 함께 영국 군주의 공식 주거지 중 한 곳이며 현재는 왕가의 묘지 혹은 별장으로 이용됨
■ 윈저성에서는 하루에 한 번 비프 이터(Beef Eater) 왕위 호위병들의 교대식을 볼 수 있으며 비프 이터라는 명칭은 장미전쟁 이후 급여를 줄 재정이 부족하자 호위병들의 급여를 소고기로 대신 지급한 것에서 기인함
■ 윈저성의 맞은편에는 영국의 명문 대학 이튼 칼리지가 있으며 이튼 칼리지는 600년 전에 세워진 학교로 현재까지 19명의 영국 총리를 배출함

30. 워너 브라더스 스튜디오 투어 런던

해리 포터 영화 시리즈를 테마로 한 스튜디오

- Warner Bros, Studio Tour London. 해리포터 영화를 제작한 스튜디오로 10년 이상 해리 포터 영화를 제작했으며 영화 제작에 사용된 소품, 책, 코스튬 등이 보관되어 있음
- 2012년 3월 31일 일반인에게 개장되었으며 두 개의 사운드 스테이지와 오리지널 세트, 특수 효과 및 분장, 설계도 등을 구경할 수 있음
- 투어는 크게 세트, 소도구, 의상, 특수 효과 및 시각 효과, 신비한 동물 시리즈, 예술 부서(설계도, 미니어처, 모델 등)로 나뉨

• 워너 브라더스 스튜디오 투어 런던*

▣ 킹스 크로스 역에 있는 9와 4분의 3 승강장을 재현했으며 승강장의 왼편에는 호그와트 특급열차의 실사 크기 모형이 전시되어 있음
▣ 성인은 45유로(5만 8,700원), 청소년은 37유로(4만 8,300원)에 투어를 할 수 있음

• 스튜디오 내부 출연 의상들 출처: visitlondon.com

• 스튜디오 내부 무대 세트 출처: viator.com

31. 세븐 시스터즈

흰 절벽으로 이루어진 아름다운 해안 절벽

- ▣ Seven Sisters. 런던 근교 이스트 서식스에 위치한 해안 절벽으로 해변 리조트와 휴양지로 유명하고 남쪽 파란 하늘과 푸른 바다 그리고 넓은 초록색의 초원, 그리고 하얀 절벽을 볼 수 있음. 죽기 전에 봐야 할 자연 절경 중 하나로 꼽힐 정도로 인기가 많음
- ▣ 새하얀 절벽 위에 있는 7개의 언덕으로 인해 '세븐 시스터즈'라는 이름을 얻게 되었지만 실제 언덕은 10개 정도 있음
- ▣ 전체 지대가 석회석으로 이루어져 있기 때문에 지속적으로 풍화 작용이 일어나고 있으며 바닷가 근처에 탁 트였기 때문에 관광할 때 날씨의 영향을 많이 받음
- ▣ 아름다운 절경으로 많은 미디어에 출현했으며 〈로빈 후드〉, 〈어톤먼트〉, 〈미스터 홈즈〉 등에서 찾을 수 있음
- ▣ 자연 경관 및 자연 보호를 위해 높이 60m 낭떠러지에 난간이 일절 설치되어 있지 않기 때문에 안전에 유의해야 함

※ 7개의 절벽은 헤이븐 브라우(Haven Brow), 쇼트 브라우(Short Brow), 러프 브라우(Rough Brow), 브라스 포인트(Brass Point), 플래그스테프 포인트(Flagstaff Point), 배일리스 힐(Baily's hill), 웬트 힐 브라우(Went Hill Brow)라 명명되며 이 중 헤이븐 브라우는 77m의 높이를 자랑함

• 세븐 시스터즈

• 세븐 시스터즈 전경

출처 :getyourguide.co.kr

32. 코츠월드

영국인들이 은퇴 후 가장 살고 싶어 하는 마을

▣ Cotswolds. 영국인들이 은퇴 후 가장 살고 싶어 하는 마을 중 하나로 손꼽히는 곳이며 영국의 전형적인 시골 마을

▣ 런던에서 서쪽으로 약 100km가량 떨어져 있으며 적어도 500년 이상 된 돌들로 쌓은 양을 기르는 축사였음

▣ 현재는 현지인들이 살고 있으며 관광객들이 방문해 마을 전경 사진을 촬영하기 편하도록 꾸며져 있음

▣ 총 3개의 마을로 구성되어 있으며 이를 통칭함

① 버포드(Burford)

- 언덕이 있는 마을이며 언덕에 오르면 마을의 풍경이 한눈에 들어옴

② 버튼 온 더 워터(Bourton on the Water)

- 주택들의 생김새는 버포드 마을과 비슷하지만 버포드 마을에 언덕이 있다면 버튼 온 더 워터 마을에는 마을 중앙을 가로지르는 수로가 존재함

③ 바이버리(Bibury)

- 코츠월드 투어 중 가장 인기 있는 마을로 주택들이 미니어처와 같이 늘어져 있는 것이 특징임

• 코츠월드 외관

• 코츠월드의 하천

33. 서머셋 하우스

왕실과 귀족의 거처를 문화 복합 예술 단지로 재생

1. 개요

▣ Somerset House. 런던 중심부인 스트랜드(Strand) 남쪽에 위치한 신고전주의 양식의 대규모 단지로 에드워드 6세 시대의 권세가였던 서머셋 공작의 거처를 문화 복합 예술 단지로 재생함

▣ 18세기 중반 건축가인 윌리엄 체임버스(William Chambers)가 재설계하여 다양한 정부 및 공익사회 사무실로 이용하는 공공 건물로 지어졌으며 예술과 교육을 중심으로 하는 조직이 구성되어 공공 보조금을 받지 않으며 상품 판매 및 후원을 통해 예술 문화 프로그램 자금을 조달함

• 서머셋 하우스 광장 전경

▣ 현재는 아트, 음악, 영화 등 다양한 전시가 열리는 문화 시설 공간으로 사용되고 있으며 특히 서머셋 하우스 내 코톨드 갤러리(The Courtauld Gallery)가 유명한데 길버트 컬렉션, 에르미타주 박물관과 함께 묶어 서머셋 박물관이라 함

▣ 아서 길버트 경의 기증품을 전시하는 길버트 컬렉션은 금 담배 케이스, 이탈리아 모자이크 등 장식 품 약 800점을 전시하며 에르미타주 박물관에서는 러시아 상트페테르부르크의 에르미타주 박물관의 소장품들을 볼 수 있음

▣ 서머셋 박물관 같은 문화 시설 이외에 국립 공문서관, 예술학교, 로열 아카데미 등 미술, 음악, 사진 관련 기관들도 서머셋 하우스 내에 자리 잡고 있으며 서머셋 하우스의 드넓은 광장에는 55개의 분수대가 있어 여름에는 분수쇼가 열리며 겨울에는 스케이트장으로 변신하며 템스강을 바라보고 있는 테라스 카페의 전경이 일품으로 시민들에게 다양한 문화적 혜택을 제공하고 있음

2. 코톨드 갤러리(The Courtauld Gallery)

▣ 코톨드 갤러리는 규모는 크지 않지만 유럽 최고의 인상주의 컬렉션을 자랑하며 사업가였던 새뮤얼 코톨드의 기증품을 바탕으로 설립된 미술관으로 르네상스 미술, 17~18세기의 이탈리아 미술의 걸작들도 소장하고 있음

▣ 고흐의 〈귀에 붕대를 감은 자화상〉, 고갱의 〈꿈〉을 비롯해 마네, 드가, 르누아르 같은 주요 인상파 화가들의 유명한 작품뿐 아니라 북유럽 르네상스 화가인 크라나흐의 〈아담과 이브〉, 마티스나 칸딘스키 같은 20세기 화가들의 작품도 코톨드 갤러리에서 만나볼 수 있는 명작

• 빈센트 반 고흐, 〈귀에 붕대를 감은 자화상〉, 1889

• 에두아르 마네, 〈폴리 베르제르의 술집〉, 1882

• 클로드 모네, 〈아르장퇴유의 가을〉, 1873

출처: courtauld.ac.uk

34. 사치 갤러리

현대 미술을 위한 자선단체 및 갤러리

- Saatchi Gallery. 영국의 사업가인 찰스 사치(Charles Saatchi)가 개관한 현대미술 갤러리 중 하나이며 찰스 사치 컬렉션을 활용한 전시를 시작으로 현대 미술 작품을 대중에게 소개하고 젊은 예술가들을 지원하는 역할을 함
- 사치 갤러리는 1985년 런던 바운더리 로드의 사용하지 않는 페인트공장에서 3만ft² 규모로 문을 열었으며 1985년 3월에서 10월까지 첫 전시회가 열림
- 1990년대의 지역 예술을 지배하여 전 세계적인 주목을 끌었으며 제니 사빌(Jenny Saville), 세라 루커스(Sarah Lucas), 개빈 터크(Gavin Turk)를 포함한 많은 영국의 아티스트들이 참여했음
- 2006년 예술가들이 최대 20개의 작품과 전기를 개인 페이지에 업로드할 수 있는 '유어 갤러리(Your Gallery)'를 제공하기 시작하여 2010년까지 약 10만 명 이상의 아티스트들이 찾아왔으며 하루에 7,300만 건의 조회 수를 기록했음
- 2008년 10월, 런던 첼시에 있는 규모 7만ft²의 듀크 오브 요크(Duke of York)로 본사를 이전함
- 2019년 사치 갤러리는 자선단체로 전환되며 새로운 역사의 장을 펼쳐나가고 있음

• 사치 갤러리 전경

• 사치 갤러리 내부 전시

출처: www.newexhibitions.com

35. 테이트 브리튼

영국 미술의 역사와 발전을 전시하는 미술관

- Tate Britain. 1897년, 영국 미술의 발전을 기념하고 전시하기 위해 영국 미술 국립 미술관(National Gallery of British Art)으로 개관하였고, 1932년부터는 테이트 갤러리에 편입되어 테이트 브리튼이라는 이름으로 불리고 있는 미술관
- 1500년대부터 현재까지의 영국 미술을 전시하는 국립 미술관으로, 윌리엄 블레이크(William Blake), 제임스 티소(James Tissot), 조지프 말로드 윌리엄 터너(Joseph Mallord William Turner) 등 영국 고전화가들의 작품뿐만 아니라 트레이시 에민(Tracey Emin), 데미언 허스트(Damien Hirst), 조수안나(Joanna Jonez)와 프리랜드(Freeland) 등 현대 미술가들의 작품도 소장 및 전시를 하고 있음
- 특히 존 에버렛 밀레이스(John Everett Millais)의 〈오필리아(Ophelia)〉는 테이트 브리튼에서 가장 유명한 작품 중 하나로 셰익스피어의 작품 〈햄릿〉에 나오는 오필리아의 비극적인 죽음을 묘사함
- 영국 미술 작품을 전시하는 중요한 문화 기관으로, 500년 영국 예술의 역사와 발전을 보여 주는 다양한 컬렉션을 자랑하고 있음

• 존 에버렛 밀레이스, 〈오필리아(Ophelia)〉, 1851~1852*

• 테이트 브리튼 외관

36. 세븐 다이얼스 마켓

스트리트 푸드를 모아 놓은 푸드코트

- Seven Dials Market. 런던에 본사를 둔 스트리트 푸드 운영사 그룹인 KERB가 2019년 얼햄 스트리트(Earlham Street)에 개장한 최대의 푸드코트임과 동시에 전 세계의 수많은 상인들이 농산물도 판매하고 있는 런던의 최대 농산물 시장
- 17세기 바나나와 오이를 저장하는 건물로도 사용했기 때문에 오이 골목(Cucumber Alley)과 바나나 창고(Banana Warehouse)로 불리기도 함
- 오이 골목에서는 인도, 우즈베키스탄, 대만 출신의 셰프들이 현지에서 생산한 만두, 와플, 팬케이크, 아이스크림 등 다양한 스낵, 간식류를 판매하고 있으며 바나나 창고에서는 실질적인 뉴욕, 필리핀, 델리, 방콕의 음식을 포함한 이스트 런던의 주류와 맥주 칵테일을 즐길 수 있을 뿐만 아니라 피크 앤드 치즈(Pick and Cheese)가 제공하는 치즈 컨베이어 벨트에서 엄선된 치즈를 즐길 수도 있음

• 세븐 다이얼스 마켓 내부의 푸드코트 전경

37. 메르카토 메이페어

방치된 옛 교회에서 현대적인 푸드 홀로 재탄생

▣ Marcato Mayfair. 런던 메이페어(Mayfair) 지역에 위치한 현대적이고 트렌디한 문화 허브 및 지속가능한 커뮤니티 시장. 1820년대에 세워진 세인트 마크 교회(St Mark's Church)를 푸드 홀로 재탄생시켜 새로운 문화 중심지가 됨
▣ 문화적 중요성을 지녔지만 20년 넘게 방치된 오래된 교회에 생기를 불어넣어 전통성을 살리고, 현대적인 요소를 조화시켜 스타일리시한 식품 시장이 된 메르카토 메이페어는 현대적인 외관과 아치형 천장, 스테인드글라스 등 옛 교회의 특징을 살린 모던한 인테리어의 내부로 아늑한 분위기를 제공함
▣ 2개 층에서 세계 각국의 요리를 제공하고, 옥상 테라스, 와인 셀러 및 커뮤니티 공간이 있음

• 메르카토 메이페어 실내 전경　　출처: secretldn.com

6

기타 자료

1. 런던 4대 뮤지컬

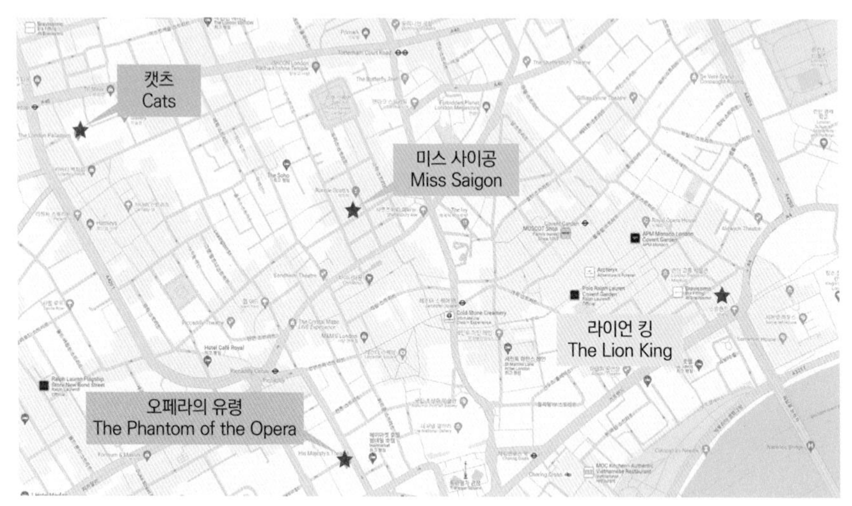

• 웨스트 엔드 뮤지컬 공연장

1) 〈라이언 킹(The Lion King)〉

(1) 개요 및 연혁

- 숙부 스카에게 아버지와 왕위를 잃은 어린 사자 심바의 모험담
- 자신에게 주어진 숙명적인 역할과 의무감을 잘 나타낸 작품
- 1994년 오스카상 수상작인 월트 디즈니의 〈라이언 킹〉을 각색
- 1997년 브로드웨이에서 개막되어 뮤지컬의 새로운 지평을 열었다는 평가를 받음
- 초연부터 화려한 아프리카 분장과 동물을 표현한 미술 세팅 등으로 각광받음

• 〈라이언 킹〉 포스터*

※ 줄리 테이무어(Julie Taymor)

- 연출가이자 인형극 전문가였던 그녀는 15개월간 공을 들인 끝에 뮤지컬의 새로운 지평을 열며 여성 최초로 토니상 연출상을 수상
- 10대를 인도네시아에서 보내며 아시아 연극에 매혹되어 일본인들의 꼭두각시와 인도네시아인이 신전에서 추는 춤을 아프리카 평원의 삶으로 끌어 옴

- 1998년 13개의 토니상에 랭크되었으며 가장 큰 특징은 영어를 잘하지 못해도 누구나 즐겁게 감상할 수 있다는 것

(2) 주요 사항

- 1999년 3월 런던 라시움 극장(Lyceum Theatre)에서 개막
- 웨스트 엔드 역사상 가장 티켓을 구하기 어려웠던 뮤지컬
- 시사회부터 2,000여 석의 좌석을 가득 채웠으며, 개막 이후 첫 2년 동안 120만 명 정도가 관람
- 극장이 어두워지면 객석 뒤쪽에서 장대에 매단 새 인형을 들고 아프리카 민속 복장을 한 배우들이 등장
- 줄리 테이무어와 마이클 커리는 수백 개의 가면을 만들어 냈고, 무대 디자인은 영국인 디자이너 리처드 허드슨이 담당
- 남아프리카 공화국의 작곡가인 레보 엠(Lebo M)이 줄리 테이무어, 마크 맨시나와 함께 아프리카풍의 리듬과 노래를 창조해 냄
- 팀 라이스가 작사한 〈라이언 킹〉의 테마곡 〈Can You Feel The Love Tonight〉과 〈Circle Of Life〉 등 영화에서 나왔던 5곡의 노래를 뮤지컬 무대에서도 들을 수 있으며 뮤지컬의 새로운 곡인 〈He Lives In You〉와 아프리카 스타일의 민속음악들이 선을 보임
- 눈여겨봐야 할 포인트는 동물이나 식물을 의인화해서 만든 가면과 의상들
- 인도네시아 전통극과 일본 전통극의 기술을 빌린 화려한 가면과 인형들의 연출이 마치 동물들이 무대 위에서 살아 움직이는 것 같은 효과를 냄
- 영화와 다른 점은 암사자 날라 역할을 만들어 낸 것과 악당 스카의 캐릭터를 살려 드라마적 요소를 강조했다는 점

• 〈라이언 킹〉 무대 출처: lionking.com

• 〈라이언 킹〉 뮤지컬 극장 – Lyceum Theatre 출처: thelyceumtheatre.com

2) 〈오페라의 유령(The Phantom of the Opera)〉

(1) 개요 및 연혁

- 파리 오페라를 공포에 떨게 한 정체 불명의 추악한 얼굴을 한 괴신사 오페라의 유령에게 사로잡히게 되는 아름다운 가수 크리스틴 다예를 중심으로 한 이야기
- 프랑스의 추리작가 가스통 르루(Gaston Leroux)가 1910년 발표한 소설을 뮤지컬로 만든 작품
- 1986년 10월 9일 영국 웨스트 엔드에서 초연 이후 1만 회 이상의 공연 달성
- 초연 당시 미국인 감독 해럴드 프린스(Harold Prince)가 연출
- 뮤지컬계의 황제로 불리는 작곡가 앤드루 로이드 웨버(Andrew Lloyd Webber)와 제작자 캐머런 매킨토시(Cameron Mackintosh)가 1986년 탄생시킴

※ 앤드루 로이드 웨버

- 뮤지컬 〈지저스 크라이스트 수퍼스타〉, 〈에비타〉, 〈캣츠〉 등의 음악을 작곡

- 1986년 런던 올리버 상의 3개 부문에서 수상
- 1988년 브로드웨이 머제스틱 극장 공연에서 20일 만에 예매액 1,700만 달러라는 대기록
- 2011년 10월 개막 25주년을 기념하여 런던의 로열 앨버트 홀에서 공연함

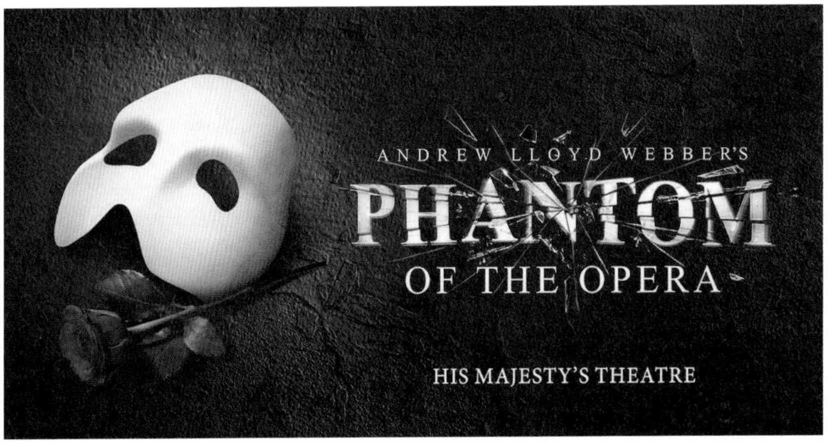

• 〈오페라의 유령〉 포스터 출처: londontheatredirect.com

(2) 주요 사항

- 고전적 선율에 의지해 극 전체의 구성을 오페라의 형태로 이끌어 가는 오페레타(Operetta) 형식
- 〈오페라의 유령〉은 작곡가 웨버의 아내인 사라 브라이트만을 위해 쓰인 뮤지컬로 여주인공 크리스틴 역은 사라 브라이트만에게 돌아감. 이 작품으로 사라 브라이트만은 유명 여배우가 됨
- 팬텀 역과 크리스틴 역의 마이클 크로포드와 사라 브라이트만은 〈오페라의 유령〉을 완벽하게 소화하면서 뮤지컬 계에서 가장 권위 있는 상인 올리비에 상과 토니 상을 동시에 수상하는 영광을 누림
- 특유의 샹들리에 신이 압권

• 〈오페라의 유령〉 뮤지컬 극장 – 허 머제스티스 시어터(Her Majesty's Theatre)*

• 〈오페라의 유령〉 무대　　출처: broadway.com

3) 〈미스 사이공(Miss Saigon)〉

(1) 개요와 연혁

- 베트남 전쟁 속에서 꽃피운 베트남 여인 킴과 미군 장교 크리스의 아름답지만 비극적인 사랑 이야기. 전쟁의 비극 속에 죽음을 택할 수밖에 없는 모성을 그림
- 뮤지컬 〈레 미제라블〉을 만든 클로드 미셸 쇤베르그(Michel Schönberg)와 알랭 부브릴(Alain Boublil)의 또 다른 작품으로, 푸치니의 오페라 〈나비 부인〉. 흡사한 스토리 라인을 가지고 있음
- 신문을 보던 중 베트남 여인의 절망한 표정과 혼혈인 듯한 여자 아이가 호치민 공항에서 이별하는 모습을 담은 사진을 보고 베트남 전쟁을 배경으로 한 〈미스 사이공〉을 제작했다고 함
- 1989년 9월 20일 런던 웨스트 엔드의 드루리 레인 극장에서 초연된 뮤지컬

로, 1999년까지 10년 동안 공연

- 1991년부터 2001년까지 브로드웨이에서도 공연
- 이후 2014년에 웨스트 엔드 프린스 에드워드 극장에서 25주년 리바이벌 프로덕션이 다시 올라왔고, 9월 22일 25주년 기념 갈라 공연이 열림

• 〈미스 사이공〉포스터 출처: miss-saigon.com

(2) 주요 사항

- 뮤지컬 넘버들의 작품성과 굉장히 화려한 볼거리 덕분에 호평받음. 특히 유명한 장면은 사이공 함락 장면의 헬리콥터 등장 장면과 엔지니어(포주)가 〈아메리칸 드림〉을 부를 때의 자유의 여신상과 캐딜락 장면. 공연 예술 스케일의 한계란 존재할 수 없다는 것을 보여 줌
- 웨스트 엔드 초연 당시 1년간의 오디션 끝에 킴 역할의 레아 살롱가를 캐스팅
- 서양인의 시각에서 그려진 작품의 내용은 지금도 여전히 많은 논란의 여지를 남기고 있음. 오리엔탈리즘적이고 백인 우월주의적인 시각을 담은 작품임에도 불구하고 4대 뮤지컬의 반열에 오를 수 있었던 것은 드라마를 완벽하게 재현하고 있는 미셸 쇤베르그의 음악의 힘이 큼

• 뮤지컬 〈미스 사이공〉 극장 – 프린스 에드워드 극장 출처: princeedwardtheatre.co.uk

• 〈미스 사이공〉 공연 장면 출처: washingtonpost.com

4) 〈캣츠(Cats)〉

(1) 개요와 연혁

- 앤드루 로이드 웨버가 T.S 앨리엇의 시집인 〈지혜로운 고양이가 되기 위한 지침서〉를 뮤지컬로 구상하기 시작함

- 캐머런 매킨토시가 구상에 합류해 1981년 뮤지컬 〈캣츠〉가 탄생했으며 웅장한 이야기, 신선한 캐릭터들로 세계 4대 뮤지컬이란 용어를 탄생시킴
- 앤드루 로이드 웨버가 작곡한 음악 중 고양이 그리자벨라가 부르는 〈메모리(Memory)〉가 가장 인기가 많으며 이 음악은 100여 명이 넘는 가수들이 리메이크해 더욱 유명해짐
- 1981년 뉴 런던 시어터에서 초연할 당시 올해의 뮤지컬 상을 받았으며 대중성과 작품성을 입증함
- 2002년 5월 11일까지 21년 동안 8,950회를 공연하며 웨스트 엔드에서 가장 오래 공연한 뮤지컬 기록을 가지고 있음
- 브로드웨이에서도 성공했으며 1982년 브로드웨이에서 개막한 이후 최우수 작품상, 연출상 등 7개 부문을 휩쓸고 토니 상을 받음
- 브로드웨이에서도 1997년부터 10년간 최장기 공연 기록을 가짐

• 〈캣츠〉 포스터 출처: catsthemuscial.com

(2) 주요 사항

- '레뷔'라는 특별한 형식을 가지고 있으며 하나의 스토리 라인 대신 하나의 주제를 가지고 다양한 옴니버스 형식을 나타냄
- 나라와 공연 시기에 따라 연출이 조금씩 변하기 때문에 등장하는 고양이의

수나 종류, 안무가 다른 경우가 많음

- 무대에는 총 36마리의 고양이가 있으며 이 중 이름이 있는 고양이는 30마리이고 1980년대 공연 초창기부터 배우가 스스로 고양이 분장을 하는 전통이 있음

• 뮤지컬 〈캣츠〉 공연 출처: broadwaydirect.com

2. 런던 윔블던 선수권 대회(The Championships, Wimbledon)

1) 개요 및 연혁

- 1868년 설립된 사설 테니스 클럽인 '디 올 잉글랜드 론 테니스 앤드 크로케 클럽(The All England Lawn Tennis and Croquet Club)'이 사용한 경기장은 윔블던 워플 로드(Worple Road)에 있었음
- 1877년 최초의 론 테니스 챔피언십을 개최함에 따라 네트 및 네트 포스트의 높이 등 대략적인 코트 규격이 정해졌는데 현대 테니스의 규정과 거의 동일함
- 4대 그랜드 슬램 대회 중에서 가장 긴 역사를 자랑하며 유일하게 잔디 코트를 유지하는 대회이며 1968년에 첫 오픈 대회가 열렸음
- 윔블던 출전 선수들은 전통적으로 하얀색 옷을 입어야 하며 대회 경기뿐만 아니라 연습할 때에도 기본적으로 흰색 옷을 입고 신발을 신어야 함

- 테니스 경기를 개최하기 전 영국에서 날씨가 가장 좋을 때를 예상하며 강우량 등을 확인해 종합적으로 테니스 경기에 가장 적합하고 좋은 날씨에 경기가 진행됨

• 윔블던 테니스 경기*

• 윔블던 테니스 2019 우승자 노박 조코비치(Novak Djokovic)

출처: wimbledon.com

2) 주요 내용

- 윔블던 테니스 경기는 5개의 메인 경기와 4개의 주니어 경기, 4개의 초청 경기로 분류되며, 주니어 경기의 경우 '칠드런스 윔블던(Children's Wimbledon)'이란 명칭이 '침블던(Chimbledon)'이라는 약칭으로 사용되기도 함
- 남자 단식 및 복식 경기만 5세트 3 선승제가 적용되며 나머지 경기들은 모두 3세트 2 선승제로 진행됨
- 1922년 대회 이전까지는 대회 우승자가 다음 대회 결승에 자동으로 참가했지만 우승자가 연속으로 우승하는 경우가 많아지자 이후 이러한 시스템은 폐지함
- 1968년부터 선수들에게 상금이 지급되기 시작했으며 2007년까지 남성의 우승 상금이 더 많았지만 2007년 이후 성별에 관계없이 공평한 상금을 지급함
- 윔블던 테니스 경기장은 총 19면의 테니스 코트로 구성되어 있으며 특히 센터 코트는 윔블던 대회가 열릴 때만 개방함
- 잔디 높이는 8mm로 일정하게 맞추어 관리하며 화학 비료가 아닌 백점토를 주재료로 사용한 천연 비료를 사용함

3. 런던 축제

1) 새해맞이 퍼레이드(New Year's Day Parade)

- 매년 새해를 맞이하는 행진으로 1987년 처음 시작되었으며 퍼레이드는 피커딜리에서 출발해 리젠트 스트리트, 트라팔가 광장, 팔러먼트 스퀘어까지 이어짐
- 세계에서 가장 큰 규모의 새해 행진이며 근접해 구경하기 위해서는 티켓을 구매해야 함

• 새해맞이 퍼레이드 행진

출처: standard.co.uk

2) 런던 마라톤(London Marathon)

- 1981년 처음 시작된 스포츠 축제로 매년 4월에 열림
- 세 개의 코스(레드, 그린, 블루)로 나뉘어 있으며 런던의 각각 다른 지역을 달리며 아마추어, 프로 선수에 상관없이 참가가 가능함
- 매해 50만 명 이상의 관광객이 런던 마라톤을 보기 위해 방문함

• 런던 마라톤*

3) 노팅힐 카니발(Notting Hill Carnival)

- 1964년 아프로 카리브(Afro Caribbean) 출신의 이민자들이 자신들의 전통을 알리기 위해 처음 시작한 거리 축제
- 8월 말 런던에서 열리며 매년 100만 명 이상의 관람객들이 모이고 유럽에서 가장 규모가 큰 축제임과 동시에 세계 10대 축제로 손꼽힘
- 브라질의 리우 카니발 다음으로 세계에서 두 번째로 큰 카니발 행사

• 노팅힐 카니발 출처: www.thelondonnottinghillcarnival.com

4) 템스 페스티벌(Thames Festival)

- 1997년 사람들이 템스강을 횡단하면서 시작된 축제로 약 2주간 템스강을 중심으로 다양한 볼거리와 이벤트들이 전시됨
- 매년 9월에 열리며 런던에서 가장 규모가 큰 야외 축제이며 가장 큰 특징 중 하나는 각 나라의 전통 의상 퍼레이드

• 2019 템스 페스티벌 빨간 우산 이벤트 출처: totallythames.org

5) 더 프롬스(The Proms)

- 19세기 후반 귀족 공연의 상징이었던 클래식을 국민들에게 부담없이 선사하기 위한 목적으로 시작됨
- 7~9월에 행사가 개최되며 8주간 열리는 공연의 가격은 5유로부터 시작해 질 좋은 공연을 부담 없이 관람할 수 있음
- 로열 앨버트 홀에서 공연이 열리며 가장 마지막 날인 '프롬스의 마지막 밤(The Last Night of the Proms)'이 하이라이트

• 더 프롬스 2019 출처: bbc.co.uk

6) 크리스마스 마켓(Christmas Markets)

- ▣ 12월 한 달 동안 런던 곳곳에서 열리는 테마 시장으로 아이스 스케이트장, 테마 음식점 등 다양한 볼거리가 제공됨
- ▣ 하이드 파크에서 열리는 윈터 원더랜드(Winter Wonderland)가 가장 화려한 마켓이며 하이드 파크 전체가 크리스마스 마켓으로 바뀜

• 윈터 원더랜드 엔젤 마켓 출처: visitlondon.com

4. 프리즈 아트 페어(Frieze Art Fair)

- 2003년 런던 리젠트 파크에서 처음 개최된 현대 미술 박람회로, 스위스의 아트 바젤, 프랑스의 피악과 함께 세계 3대 아트 페어임
- 고대부터 20세기의 미술 작품을 다루는 프리즈 마스터즈와 함께 열리고 있으며 런던의 미술 애호가와 수집가, 큐레이터들에게 중요한 이벤트로 자리잡아 매년 전 세계의 예술인과 수집가, 아티스트들이 방문하고 있음
- 2019년 프리즈 로스 앤젤리스(Frieze Los Angeles)가 추가되어 박람회가 확장되었으며 2022년 프리즈 서울(Frieze Seoul) 2022, 2023년에 프리즈 서울 2023과 프리즈 뉴욕(Frieze New york) 2023으로까지 이어지면서 런던 예술계의 중요성이 높아지는 계기가 됨
- 2023년 기준 프리즈 아트 페어는 창립 20주년을 맞이하였으며 뉴욕의 애로우 쇼(Armory Show)와 엑스포 시카고(EXPO Chicago)를 추가 인수해 독립 브랜드로 운영할 예정임

• 프리즈 런던 2023

▣ 프리즈 런던은 메인 섹션 외에 포커스(Focus), 에디션(Edition), 그리고 아티스트 투 아티스트(Artist-to-artist) 등 크게 총 4개의 섹션으로 구성됨

▣ 포커스 섹션에는 약 30개의 갤러리가 있으며 런던을 위해 선정된 신진 작가, 즉 이머징 아티스트들의 작품을 만나볼수 있음

▣ 에디션 섹션은 2021년부터 시작되었으며 이미 잘 알려진 작가의 작품과 함께 합리적인 가격으로 유명 작가의 작품을 구매할 수 있는 에디션 작품을 선보이고 있음

▣ 아티스트 투 아티스트 섹션은 프리즈 런던 20주년을 기념해 게스트 큐레이터가 만든 코너로 현대 미술의 최전선에 있는 작가들의 아이디어와 그 작가를 소개함

• 프리즈 런던 2023 출처: contemporaryartsociety.org

5. 영국 왕 계보

앵글로 색슨 왕조(802~1066년)	
· 엑버트	(802~839)
· 에델울프	(839~858)
· 에델볼드	(858~860)
· 에델버트	(860~866)
· 에델레드1세	(866~871)
· 알프레드 대왕	(871~899)
· 에드워드1세	(899~924)
· 에델스탄	(924~940)
· 에드먼드1세	(940~946)
· 에드레드	(802~839)
· 에델울프	(946~955)
· 에드위	(955~959)
· 에드거	(959~975)
· 에드워드	(975~978)
· 에델레드 2세	(978~1016)
· 에드먼드 2세	(1016)
· 카누트 대왕	(1016~1035)
· 하롤드 1세	(1035~1040)
· 하르디카누트	(1040~1042)
· 에드워드	(1042~1066)
· 하롤드 2세	(1066)
노르만 왕조(1066~1154년)	
· 윌리엄 1세	(1066~1087)
· 윌리엄 2세	(1087~1100)
· 헨리 1세	(1100~1135)
· 스티븐	(1135~1154)
플랜테지넷 왕조(1154~1399년)	
· 헨리 2세	(1154~1189)
· 리처드 1세	(1189~1199)
· 존	(1199~1216)
· 헨리 3세	(1216~1272)
· 에드워드 1세	(1272~1307)
· 에드워드 2세	(1307~1327)
· 에드워드 3세	(1327~1377)
· 리처드 2세	(1377~1399)
랭커스터가(1399~1461년)	
· 헨리 4세	(1399~1413)
· 헨리 5세	(1413~1422)
· 헨리 6세	(1422~1461)
요크 왕가(1461~1485년)	
· 에드워드 4세	(1461~1483)
· 에드워드 5세	(1483)
· 리처드 3세	(1483~1485)
튜터 왕조(1485~1603년)	
· 헨리 7세	(1485~1509)
· 헨리 8세	(1509~1547)
· 에드워드 6세	(1547~1553)
· 메리 여왕	(1553~1558)
· 엘리자베스 여왕	(1558~1603)
스튜어트 왕조(1603~1714년)	
· 제임스 1세	(1603~1625)
· 찰스 1세	(1625~1649)
· 찰스 2세	(1660~1685)
· 제임스 2세	(1685~1688)
· 메리 여왕	(1688~1694)
· 윌리엄 3세	(1688~1702)
· 앤 여왕	(1702~1714)

하노버 왕조(1715~1916년)			
· 조지 1세	(1714~1727)	· 윌리엄 4세	(1830~1837)
· 조지 2세	(1727~1760)	· 빅토리아 여왕	(1837~1901)
· 조지 3세	(1760~1820)	· 에드워드 7세	(1901~1910)
· 조지 4세	(1820~1830)		
윈저 왕조(1917년~)			
· 조지 5세	(1910~1936)	· 엘리자베스 여왕	(1952~2022)
· 에드워드 8세	(1936)	· 찰스 3세	(2022~)
· 조지 6세	(1936~1952)		

6. 영국 도시별 인구 및 면적

구분	도시	지역	인구(명)	면적(km²)	인구밀도 (명/km²)	비고
1	런던(London)	잉글랜드	8,869,898	1,572	5,642.4	
2	버밍엄(Birmingham)	잉글랜드	1,140,754	267.8	4,259.7	
3	글래스고(Glasgow)	스코틀랜드	612,040	175	3,497.4	
4	리버풀(Liverpool)	잉글랜드	571,733	111.8	5,113.9	
5	브리스톨(Bristol)	잉글랜드	567,111	110	5,155.6	
6	맨체스터(Manchester)	잉글랜드	549,305	115.6	4,751.8	
7	셰필드(Sheffield)	잉글랜드	541,763	367.9	1,472.6	
8	리즈(Leeds)	잉글랜드	500,155	551.7	906.6	
9	에든버러(Edinburgh)	스코틀랜드	488,050	264.0	1,848.7	
10	레스터(Leicester)	잉글랜드	464,395	73.3	6,335.5	
11	코번트리(Coventry)	잉글랜드	362,690	98.7	3,676.5	
12	브래드퍼드(Bradford)	잉글랜드	360,145	64.4	5,592.3	
13	카디프(Cardiff)	웨일스	349,941	140.3	2,494.2	
14	벨파스트(Belfast)	북아일랜드	334,420	115.0	2,908.0	
15	노팅엄(Nottingham)	잉글랜드	308,273	74.6	4,131.8	

• 인구: www.citypopulation.de 2016 추정치

7. 엘리자베스 2세 여왕(1926~2022년)

출생	- 1926년 4월 21일생(92세)
사망	- 2022년 9월 8일(향년 96세)
인적 사항	- 왕위 즉위: 윈저가의 4번째 왕으로 1952년2월6일 부친 조지 6세가 56세로서거함에 따라 25세 나이로 왕위에 오름 (1953년 6월 2일 웨스터민스터 사원에서 즉위식 거행)
가족 관계	- 부: 조지 6세(1952년 서거) - 모: 엘리자베스 - 부군: 에든버러 공 - 자녀: 3남 1녀 · 찰스 왕세자: 왕위 승계권자 · 앤 공주 · 앤드루 왕자 · 에드워드 왕자
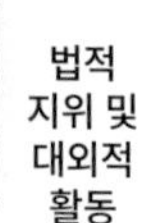 법적 지위 및 대외적 활동	- 영국의 국가원수, 사법부, 군대, 교회 및 영연방의 수반 - 법률상 정치적 권한은 없으나, 간접적인 영향력 행사 - 수상으로부터 정치 현안을 보고받으며(매주 1회 버킹엄궁전에서 단독 면담), 각국의 고위 인사들을 접견함 - 1년에 약 150개의 단체를 방문하며 약 751개 기관의 후견인 직함을 가지고 있음 - 1일 평균 약 250통의 서신 수신
특기 사항	- 여왕 생일은 연 2회로 출생일과 즉위기념일(매년 6월 둘째 토요일)이 있으며, 공식 생일 기념 행사는 즉위 기념일에 함 - 세례명: Elizabeth Alexandria Mary - 애마가로서 승마를 즐길 뿐만 아니라 훌륭한 사육사(Breeder)이기도 함 - 어렸을 때 장래에 농부와 결혼하겠다고 할 만큼 전원생활을 동경 - 싫어하는 음식: 굴 - 연간 소득: 790만 파운드(약 95억 원, 매년 의회가 왕실 경비 결정) - 여왕의 재산: 공표자산 4억 5,000만 파운드(약 5,400억 원) ※ 소장 예술품들이 로열 컬렉션 트러스트(Royal Collection Trust)에 의해 관리되고 있어 발표에서 제외된 점을 감안할 때 실제 자산은 50억 파운드(약 6조 원)에 이를 것으로 추정

▣ 엘리자베스 여왕의 서거를 추모하는 방식

- 엘리자베스 여왕은 영국 최장기 군주로서 70년 재위 기간(1953~2022년) 동안 영국의 상징으로서 구심점 역할을 해 왔으며 96세 나이로 스코틀랜드 밸모럴 성에서 2022년 9월 8일 서거함. 당시 런던의 버킹엄 궁전, 공원 등 주요 시내에서 여왕을 다양한 방식으로 추모함

• 버킹엄 궁전 앞 대로 추모 영국 조기

• 테이트 모던 미술관 추모 패널

• 그린 파크에 추모객들이 헌화한 꽃과 추모 그림

• 피카딜리 서커스 추모 전광판

• 왕실 기마대의 장례 예행 연습

• 버킹엄 궁전 정문 추모 꽃과 인형

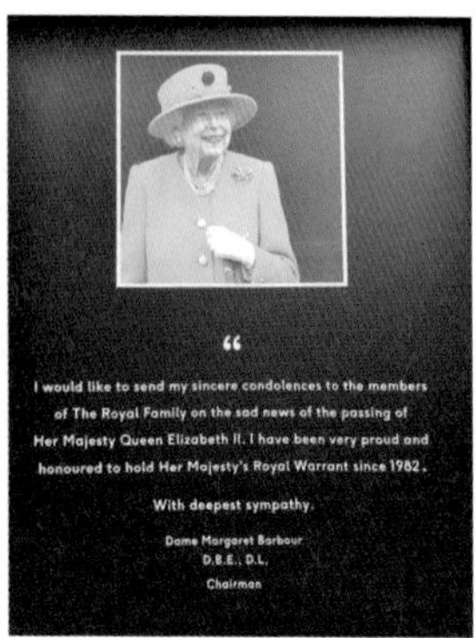

• 엘리자베스 여왕 서거를 추모하는 길거리 전광 게시판

• 백화점 및 호텔의 추모 초상화

8. 세계 주요 도시별 면적·인구 현황(2023년 기준)

도시	면적(km²)	인구(명)	인구밀도(명/km²)
뉴욕	789.4	8,258,035	10,461
런던	1,579	8,982,256	5,689
파리	105.4	2,102,650	19,949
도쿄	2,194	13,988,129	6,376
베를린	891	3,769,495	4,231
함부르크	755	1,910,160	2,530
서울	605.2	9,919,900	16,397
암스테르담	219.3	821,752	3,747
로테르담	319.4	655,468	2,052
샌프란시스코	121.5	808,437	6,654
밀라노	181.8	1,371,498	7,544
베네치아	414.6	258,051	622

9. 세계 초고층 빌딩 현황

순위	건물 명칭	도시	국가	높이(m)	층수	착공	완공(예정)	상태
1	부르즈 칼리파	두바이	사우디 아라비아	828	163	2004	2010	완공
2	메르데카 118	쿠알라 룸푸르	말레이시아	680	118	2014	2023	완공
3	상하이 타워	상하이	중국	632	128	2009	2015	완공
4	메카 로얄 시계탑	메카	사우디 아라비아	601	120	2002	2012	완공
5	핑안 금융 센터	심천	중국	599	115	2010	2017	완공

순위	건물 명칭	도시	국가	높이 (m)	층수	착공	완공 (예정)	상태
6	버즈 빙하티 제이콥 앤 코 레지던스	두바이	사우디 아라비아	595	105		2026	건설중
7	롯데월드타워	서울	한국	556	123	2009	2016	**완공**
8	원 월드 트레이드 센터	뉴욕	미국	541	94	2006	2014	**완공**
9	광저우 CTF 파이낸스 센터	광저우	중국	530	111	2010	2016	**완공**
10	톈진 CTF 파이낸스 센터	톈진	중국	530	97	2013	2019	**완공**
11	CITIC 타워	베이징	중국	527	109	2013	2018	**완공**
12	식스 센스 레지던스	두바이	사우디 아라비아	517	125	2024	2028	건설중
13	타이베이 101	타이베이	중국	508	101	1999	2004	**완공**
14	중국 국제 실크로드 센터	시안	중국	498	101	2017	2019	**완공**
15	상하이 세계 금융 센터	상하이	중국	492	101	1997	2008	**완공**
16	톈푸 센터	청두	중국	488	95	2022	2026	건설중
17	리자오 센터	리자오	중국	485	94	2023	2028	건설중
18	국제상업센터	홍콩	중국	484	108	2002	2010	**완공**
19	노스 번드 타워	상하이	중국	480	97	2023	2030	건설중
20	우한 그린랜드 센터	우한	중국	475	101	2012	2023	**완공**
21	토레 라이즈	몬테레이	멕시코	475	88	2023	2026	건설중
22	우한 CTF 파이낸스 센터	우한	중국	475	84	2022	2029	건설중
23	센트럴파크 타워	뉴욕	미국	472	98	2014	2020	**완공**
24	라크타 센터	세인트 피터스버그	러시아	462	87	2012	2019	**완공**
25	빈컴 랜드마크 81	호치민	베트남	461	81	2015	2018	**완공**

10. 세계 주요 도시의 공원

번호	도시, 국가	공원 이름	면적(km^2)	설립 연도
1	런던, 영국	리치먼드 공원(Richmond Park)	9.55	1625
2	파리, 프랑스	부아 드 불로뉴(Bois de Boulogne)	8.45	1855
3	더블린, 아일랜드	피닉스 공원(Phoenix Park)	7.07	1662
4	멕시코시티, 멕시코	차풀테펙 공원(Bosque de Chapultepec)	6.86	1863
5	샌디에이고, 미국	발보아 파크(Balboa Park)	4.9	1868
6	샌프란시스코, 미국	골든게이트 공원(Golden Gate Park)	4.12	1871
7	밴쿠버, 캐나다	스탠리 파크(Stanley Park)	4.05	1888
8	뮌헨, 독일	엥글리셔 가르텐(Englischer Garten)	3.70	1789
9	베를린, 독일	템펠호퍼 펠트(Tempelhofer feld)	3.55	2010
10	뉴욕, 미국	센트럴 파크(Central Park)	3.41	1857
11	베를린, 독일	티어가르텐(Tiergarten)	2.10	1527
12	로테르담, 네덜란드	크랄링세 보스(Kralingse Bos)	2.00	1773
13	런던, 영국	하이드 파크(Hyde Park)	1.42	1637
14	방콕, 태국	룸피니 공원(Lumpini Park)	0.57	1925
15	글래스고, 영국	글래스고 그린 공원(Glasgow Green)	0.55	15세기
16	도쿄, 일본	우에노 공원(Ueno Park)	0.53	1924
17	암스테르담, 네덜란드	폰덜 파크(Vondel park)	0.45	1865
18	함부르크, 독일	플란텐 운 블로멘(Planten un Blomen)	0.47	1930
19	로테르담, 네덜란드	헷 파크(Het Park)	0.28	1852
20	도쿄, 일본	하마리큐 공원(Hamarikyu Gardens)	0.25	1946
21	에든버러, 영국	미도우 공원(The Meadows)	0.25	1700년대
22	바르셀로나, 스페인	구엘 공원(Park Güell)	0.17	1926
23	밀라노, 이탈리아	몬타넬리 공공 공원 (Giardini pubblici Indro Montanelli)	0.17	1784
24	파리, 프랑스	베르시 공원(Parc de Bercy)	0.14	1995
25	서울, 한국	여의도 공원(Yeouido Park)	0.23	1972
26	서울, 한국	서울숲(Seoul Forest)	0.12	2005

7

참고 문헌 및 자료

SH공사 도시연구소, (2012) 유럽도시 선진주거단지 및 도시재생 사례연구
김정후박사(2016), JHK Urban Research Lab, 영국의 도시재생 정책과 사례
국토연구원(200), 영국 수변 도시공간 재생사례: 런던 템스게이트웨이 광역 재생프로젝트
국토연구원(2011), 영국도시정책자료집
국토지리학회지 제45권 1호 (2011), 영국의 도시재생 전략체계와 실행전략에 관한 연구(11p~26p)
정연찬. (2015). 유럽의 도시개발사례연구, 한국지방자치단체 국제화재단
국회입법조사처. (2018.06). 영국 및 프랑스 출장보고서

Andrea Colantonio and Tim Dixon (2011) Urban Regeneration & Social SustainabilityBest practice from Europe Cities

Antoni Remesar (2016) The Art of Urban Design in Urban Regeneration, Universitat de Barcelona

De Gregorio Hurtado, S. (2012). Urban Policies of the EU from the perspective of Collaborative Planning. The URBAN and URBAN II Community Initiatives in Spain. PhD Thesis.Universidad Politécnica de Madrid.

De Gregorio Hurtado, S. (2017): “A critical approach to EU urban policy from the viewpoint of gender”, en Journal of Research on Gender Studies, 7(2), pp. 200~217.

De Luca, S. (2016). “Politiche europee e città stato dell'arte e prospettive future”, in Working papers. Rivista online di Urban@it, 2/2016. Accesibleen: http://www.urbanit.it/wp-content/uploads/2016/10/6_BP_De_Luca_S.pdf (last accessed 5/9/2017).

Elsevier (2011) The importance of context and path dependency

European Commission (2008). Fostering the urban dimensión. Analysis of the operational programmes co-financed by the European Regional Development Fund(2007~2013). Working document of the Directorate General for Regional Policy.

Informal meeting of EU Ministers on urban development (2007): Leipzig Charter. Available in: http://ec.europa.eu/regional_policy/archive/themes/ urban/ leipzig_charter.pdf (last-accessed: 2/9/2017

John Shearman. Only Connect Art and the Spectator in the Italian Renaissance. Princeton University Press

Journal Of Urban Planning, (2017.6) Urban regeneration in the EU, Territory of Research on Settlements and Environment International

PWC (2018) Emerging Trends in Real Estate Reshaping the future Europe

Ráhel Czirják, László Gere (2017.11) The relationship between the European urban development documents and the 2050 visions

Randy Shaw. Generation priced Out. University of California Press

Richard Senett. Building and Dwelling. Farrar, Straus and Giroux

http://www.savills.co.uk/research_articles/188294/209209-0

www.ierek.com/events/urban-regeneration-sustainability-2#conferencetopics

www.nestpick.com/millennial-city-ranking-2018/

ubin.krihs.re.kr/ubin/index.php

http://www.skyscrapercenter.com/

graylinegroup.com/urbanization-catalyst-overview/

http://www.oecd.org/sdd/cities
Andy Pratt(2010, Brick Lane: community-driven innovation
Draft City Of London Local Plan(2018.11), City Plan 2036 Shaping the future City
ELSEVIER(2011), Progress in Planning, Thirty years of urban regeneration in Britain, Germany and France: The importance of context and path dependency
Europe's Vibrant New Low Car(bon) Communities Nicole Foletta, ITDP Europe(2010), Greenwich Millennium Village
Marta Moretti(2010), Valorisation of waterfronts and waterways for sustainable development
Mayor of London(2012.03), London View Management Frameworksupplementary planning guidance
Mayor of London(2017.12), The London Plan The Spatial Development Strategy For Greater London Draft For Public Consultation
Nick Ennis and Gordon Douglass(2011.05), Culture and regeneration - What evidence is there of a link and how can it be measured?
Reed Business Information Ltd Building Report(2014), The Walkie Talkie, 20 Fenchurch
Roberts, P. and Sykes, H.(2000), Urban Regeneration: A Handbook, SAGE Publications
Skyscraper Center(2013.11), 30 St Mary Axe Facts
The Rt. Hon The Lord Mayor Alderman Michael Bear(2011.07), Chief Executive Spitalfields Development Group, Spitalfields: Opportunity Through Regeneration
The Structural Engineer(2014.07), The Shard Project focus
ULI Case Studies(2014.07). ULI Case Studies - King;s Cross
ULI Development Case Studies(2006), Greenwich Millennium Village
www.ons.gov.uk/
http://www.visitbritainshop.com/world/
www.architecture.com/
www.visitbritain.com/
http://www.homesandproperty.co.uk/
http://openbuildings.com/buildings/old-truman-brewery-profile-24274
http://www.london.gov.uk/
http://nineelmslondon.com/
http://jhkurbanlab.co.uk/xe/?mid=cities&document_srl=557
http://www.skyscrapernews.com/buildings.php?id=6210
www.coaldropsyard.com
www.paternostersquare.info
www.tate.org.uk
www.southbankcentre.co.uk
www.london.gov.uk
www.the-shard.com
www.30stmaryaxe.info
skygarden.london

oldspitalfieldsmarket.com
www.trumanbrewery.com
www.queenelizabetholympicpark.co.uk
www.barbican.org.uk
tech.london
www.britishmuseum.org/
www.royal.uk
www.towerbridge.org.uk
www.royalparks.org.uk
www.kew.org
www.hrp.org.uk
www.parliament.uk
www.stpauls.co.uk
www.nationalgallery.org.uk/
www.westminster-abbey.org
www.bl.uk
www.coventgarden.london
shoreditchtownhall.com
www.nhm.ac.uk
www.royalalberthall.com
www.shakespearesglobe.com
chinatown.co.uk
www.npg.org.uk
www.themonument.info
www.dauntbooks.co.uk
www.westendtheatrebookings.com
www.rct.uk
harry-potter.london-studio-tours.com/
www.sevensisters.org.uk
www.cotswolds.com
https://en.wikipedia.org/wiki/London_Plan
https://www.london.gov.uk/programmes-strategies/planning/london-plan/the-london-plan-2021-table-contents#annexes-177355-title
https://wikis.krsocsci.org/index.php?title=%EC%9E%89%EA%B8%80%EB%9E%9C%EB%93%9C_%EC%99%95%EA%B5%AD/%ED%96%89%EC%A0%95%EA%B5%AC%EC%97%AD
https://en.wikipedia.org/wiki/Local_government_in_Northern_Ireland
https://en.wikipedia.org/wiki/Subdivisions_of_Wales
https://en.wikipedia.org/wiki/Local_government_in_Northern_Ireland
https://blog.naver.com/ykhan64/220415399280

https://blog.naver.com/ykhan64/220415397471
https://blog.naver.com/ykhan64/220415395762
https://blog.naver.com/ykhan64/220415391913
https://en.wikipedia.org/wiki/England
https://en.wikipedia.org/wiki/Subdivisions_of_England
https://en.wikipedia.org/wiki/City_of_London
https://lift109.co.uk/your-visit/
https://ko.wikipedia.org/wiki/%EB%B0%B0%ED%84%B0%EC%8B%9C_%ED%99%94%EB%A0%A5%EB%B0%9C%EC%A0%84%EC%86%8C
https://lift109.co.uk/
https://ko.wikipedia.org/wiki/%EB%B0%B0%ED%84%B0%EC%8B%9C_%ED%99%94%EB%A0%A5%EB%B0%9C%EC%A0%84%EC%86%8C
https://www.vitalenergi.co.uk/our-work/battersea-power-station/
https://www.kingscross.co.uk/google
https://www.kingscross.co.uk/about-the-development
https://arquitecturaviva.com/works/google-kings-cross
https://en.wikipedia.org/wiki/Old_Spitalfields_Market
https://en.wikipedia.org/wiki/Old_Spitalfields_Market#/media/File:Old_Spitafilds_Market.jpg
https://en.wikipedia.org/wiki/Butler%27s_Wharf
https://www.valcucine.com/en/tea-trade-warf-butlers-wharf-london/
https://en.wikipedia.org/wiki/Neal%27s_Yard_Remedies
https://www.nealsyardremedies.com/pages/
https://secretldn.com/neals-yard-covent-garden/
https://en.wikipedia.org/wiki/Neal%27s_Yard_Remedies
https://www.nealsyardremedies.com/pages/
https://secretldn.com/neals-yard-covent-garden/
https://en.wikipedia.org/wiki/One_Blackfriars
https://en.wikipedia.org/wiki/One_Blackfriars#/media/File:One_Blackfriars,_The_Shard_and_South_Bank_Tower_-_from_Waterloo_Bridge_-_2019-01-04_-_Afternoon.jpg
https://en.wikipedia.org/wiki/Outernet_London
https://www.outernet.com/about
https://en.wikipedia.org/wiki/BBC_Proms
https://en.wikipedia.org/wiki/Carnaby_Street
https://en.wikipedia.org/wiki/Saatchi_Gallery
https://www.newexhibitions.com/gallery/565
https://en.wikipedia.org/wiki/Tate_Britain
https://www.tate.org.uk/visit/tate-britain
https://ocula.com/institutions/tate-britain/exhibitions/zeinab-saleh-art-now/
https://citydays.com/places/seven-dials-market/

https://en.wikipedia.org/wiki/St_Mark%27s,_Mayfair
https://www.visitlondon.com/things-to-do/place/48539695-mercato-mayfair
https://en.wikipedia.org/wiki/St_Mark%27s,_Mayfair
https://mayfairfoodie.com/mercato-mayfair-food-hall/
https://secretldn.com/mercato-mayfair-italian-food-hall/